HET VERBORGEN LEVEN VAN BOMEN

Van dezelfde auteur

Het innerlijke leven van dieren
Het bos
Het geheime netwerk van de natuur
De tuin
De geheime band tussen mens en natuur

PETER WOHLLEBEN

HET VERBORGEN LEVEN VAN BOMEN

Wat ze voelen, hoe ze communiceren – ontdekkingen uit een onbekende wereld

Lev.

Oorspronkelijke titel
Das geheime Leben der Bäume

Vertaling
Bonella van Beusekom
Omslagontwerp
Martina Eisele Grafik-design
Nederlands omslag
b'IJ Barbara
Foto voorzijde omslag
Lee Warren Photography / Getty Images
Foto achterzijde omslag
Hartmut Nägele
Foto auteur
Miriam Wohlleben

ISBN 978 94 005 0732 6
NUR 410

Eerste druk, maart 2016
Zestiende druk, maart 2025

MIX
Papier | Ondersteunt verantwoord bosbeheer
FSC® C004472
FSC www.fsc.org

Dit boek is gedrukt op papier dat het keurmerk van de Forest Stewardship Council (FSC®) mag dragen. Bij dit papier is het zeker dat de productie niet tot bosvernietiging heeft geleid. Een flink deel van de grondstof is afkomstig uit bossen en plantages die worden beheerd volgens de regels van FSC. Van het andere deel van de grondstof is vastgesteld dat hiervoor geen houtkap in de laatste resten waardevol bos heeft plaatsgevonden. Daarom mag dit papier het FSC Mix label dragen. Voor dit boek is het FSC-gecertificeerde Munkenprint gebruikt. Dit papier is 100% chloor- en zwavelvrij gebleekt en wordt geleverd door Arctic Paper Munkedals AB, Zweden.

Inhoud

Voorwoord

Toen ik mijn professionele loopbaan als houtvester begon, wist ik ongeveer evenveel van het verborgen leven van bomen als een slager van de gevoelens van dieren. De moderne bosbouw produceert hout, dat wil zeggen: er worden stammen geveld en vervolgens weer nieuwe boompjes geplant. Lezend in vaktijdschriften ontstaat al snel de indruk dat men alleen in het welzijn van het bos is geïnteresseerd voor zover dat noodzakelijk is voor een optimale bedrijfsvoering. Voor het normale werk van een houtvester is dat ook voldoende, en langzamerhand wordt je blik daardoor vervormd. Omdat ik elke dag honderden sparren, beuken, eiken of dennen moet taxeren op hun geschiktheid om verzaagd te worden en op hun marktwaarde, is mijn waarneming beperkt tot dat gezichtsveld.

Ongeveer twintig jaar geleden begon ik met het organiseren van survivaltrainingen en blokhuttentochten voor toeristen. Later kwamen daar nog een begraafbos en oerbosreservaten bij. In gesprekken met de vele bezoekers werd mijn beeld van het bos weer rechtgezet. Kromme, knoestige bomen die ik toen nog als inferieur beschouwde, riepen bij wandelaars veel enthousiasme op. Samen met hen leerde ik niet alleen op de stammen en hun kwaliteit te letten, maar ook op bizarre wortels, bijzondere groeivormen of een zacht vachtje van mos op de bast. Mijn liefde voor de natuur, waardoor ik er als kind van zes al op uit trok, ontvlamde opnieuw. Ineens ontdekte ik talloze wonderen waar ik eigenlijk geen verklaring voor had. Bovendien begon de Universiteit van Aken met regelmatig onderzoek in mijn district. Daardoor werden heel wat vragen beantwoord, terwijl er ook vele andere rezen. Het leven als houtvester werd weer spannend; elke dag in het bos een nieuwe ontdekkingsreis. Bij het bosbeheer zorgde dat voor ongebruikelijke voorzorgsmaatregelen. Als je weet dat bomen pijn kunnen lijden, een geheugen hebben en dat bomenouders met hun kinderen samenleven, dan kun je ze niet meer zo gemakkelijk omhakken en met grote machines tussen ze door graven. Grote machines zijn dus ook al twintig jaar uit mijn district verbannen en als er toch hout geoogst moet worden, dan doen de bosarbeiders dat voorzichtig, samen met paarden. Een gezond, misschien zelfs gelukkig, bos is veel productiever en dat betekent meteen hogere inkomsten. Dat argument overtuigde ook mijn werkgever, de gemeente Hümmel, en nu is in het kleine dorpje in de Eifel een andere vorm van bosexploitatie voortaan uitgesloten. De bomen komen op verhaal en geven nog meer geheimen prijs; vooral de groepen die in de pas ingerichte reservaten leven, waar ze helemaal niet meer gestoord worden. Ik zal van ze blijven leren, en had nooit kunnen dromen van alles wat ik daar tot nu toe onder het bladerdak heb ontdekt.

Ik nodig je uit om het geluk dat bomen ons kunnen geven met mij te delen. Wie weet ontdek jij zelf bij je volgende boswandeling ook wel kleine en grote wonderen.

Vriendschappen

Jaren geleden stuitte ik in een van de oude beukenreservaten van mijn district op een vreemde, bemoste steen. Achteraf is me duidelijk geworden dat ik er al heel wat keren achteloos aan voorbij was gegaan, maar op een dag bleef ik staan en bukte me. Hij had een eigenaardige, licht gebogen vorm met holtes en toen ik er wat mos afhaalde, ontdekte ik dat er boomschors onder zat. Het was dus toch geen steen, maar oud hout. En omdat beukenhout op vochtige grond binnen een paar jaar verrot, was ik verbaasd hoe hard het was. Bovendien kon ik het niet optillen, want het was duidelijk stevig met de aarde verbonden. Met mijn zakmes schraapte ik voorzichtig wat van de schors weg, tot ik op een dunne laag stuitte. Groen? Die kleurstof is er alleen in de vorm van chlorofyl, dat in verse blaadjes voorkomt en als voorraad in de stammen van levende bomen wordt opgeslagen. Dat kon maar één ding betekenen: dit stuk hout was toch niet dood! De andere 'stenen' leverden al snel een logisch beeld op, aangezien ze in een kring met een doorsnede van anderhalve meter stonden. Het ging om de knoestige resten van een reusachtige, eeuwenoude boomstronk. Van de vroegere rand waren alleen nog resten over, het binnenste was allang volledig tot humus vergaan – een duidelijke aanwijzing voor het feit dat de boom al vier- tot vijfhonderd jaar geleden was gekapt. Maar hoe kon het dat de resten ervan zo lang in leven waren gebleven? De cellen hadden immers voeding in de vorm van suiker nodig, ze moesten ademen en in elk geval een beetje groeien. Zonder bladeren en dus zonder fotosynthese is dat echter onmogelijk. Geen enkel wezen op onze planeet houdt een vastenkuur van een paar eeuwen vol, en dat geldt ook voor overblijfselen van bomen. En zeker voor boomstronken die helemaal aan hun lot zijn overgelaten. Maar bij dit exemplaar zat dat kennelijk heel anders in elkaar. Hij kreeg ondersteuning van zijn buurbomen en wel via de wortels. Soms gaat het daarbij slechts om een losse verbinding via het schimmelnetwerk dat de wortelpunten omhult en die bij de voedingsstoffenuitwisseling helpt, soms om rechtstreekse vergroeiingen. Ik kon er echter niet achter komen hoe het in dit specifieke geval zat, want ik wilde de oude stomp niet beschadigen door te graven. Maar één ding was zo klaar als een klontje: de beuken eromheen pompten een suikeroplossing naar hem toe, om hem in leven te houden. Dat bomen zich via de wortels aaneensluiten, kun je in wegbermen zien. Daar wordt de aarde door de regen weggespoeld en het onderaardse netwerk blootgelegd. In de Harz ontdekten wetenschappers dat er echt een samengevlochten systeem is, dat de meeste exemplaren van een soort en een opstand met elkaar verbindt. Uitwisseling van voedingsstoffen, burenhulp bij nood, is kennelijk de regel en leidde tot de conclusie dat bossen superorganismen zijn, soortgelijke bouwsels dus als mierenhopen.

Je zou je natuurlijk ook kunnen afvragen of de wortels van bomen niet gewoon zomaar, doelloos door de aarde groeien en als ze op soortgenoten stuiten zich daarmee verbinden. En dat ze vervolgens onvermijdelijk onderling voedingsstoffen uitwisselen, een zogenaamde sociale groep opbouwen, maar dat het niets anders is dan een toevallig geven en nemen. Dan zou het prachtige beeld van actieve hulp worden vervangen door het toevalsprincipe, hoewel zelfs zulke mechanismen voordelen voor het ecosysteem van het bos zouden hebben. Maar zo simpel functioneert de natuur niet, stelt Massimo Maffei van de Universiteit van Turijn vast: planten en dus ook bomen kunnen hun eigen wortels heel goed onderscheiden van die van vreemde soorten en zelfs van exemplaren van hun eigen soort.[1]

Maar waarom zijn bomen zulke sociale wezens, waarom delen ze hun voeding met soortgenoten en helpen ze daardoor hun eigen concurrenten erbovenop? De oorzaken daarvoor zijn hetzelfde als bij menselijke samenlevingen: samen sta je sterker. Een boom is geen bos, kan geen lokaal evenwichtig klimaat tot stand brengen en is weerloos overgeleverd aan weer en wind. Terwijl veel bomen samen voor een ecosysteem zorgen dat extreme warmte en kou matigt, veel water opslaat en heel vochtige lucht veroorzaakt. In een dergelijke omgeving kunnen bomen beschut leven en heel oud worden. Om dat te bereiken moet de gemeenschap koste wat het kost behouden blijven. Als alle exemplaren alleen voor zichzelf zouden zorgen, zouden veel bomen de verouderingsfase niet bereiken. Constante sterfgevallen zouden voor veel grote gaten in het kronendak zorgen, waardoor stormen er gemakkelijk zouden kunnen huishouden en nog meer bomen zouden kunnen vellen. De zomerhitte zou dan tot op de bosgrond kunnen doordringen, waardoor die zou uitdrogen. En dan zouden ze allemaal lijden.

Elke boom is dus waardevol voor de gemeenschap en verdient het zo lang mogelijk behouden te blijven. Daarom worden zelfs zieke exemplaren ondersteund en voorzien van voedingsstoffen tot het weer beter met hen gaat. De volgende keer is het misschien omgekeerd en heeft de ondersteunende boom zelf hulp nodig. Dikke, zilvergrijze beuken die zich zo gedragen, doen mij aan een olifantenkudde denken. Ook die bekommert zich om haar leden, helpt zieke en zwakke dieren op de been en laat zelfs dode familieleden niet graag achter.

Elke boom maakt deel uit van de gemeenschap en toch zijn er verschillen. De meeste boomstronken verrotten eenzaam en vergaan wel na een paar decennia (voor bomen is dat heel snel) tot humus. Slechts een paar exemplaren, zoals de hiervoor beschreven 'steen met mos', worden eeuwenlang in leven gehouden. Waarom wordt een dergelijk onderscheid gemaakt? Is er ook bij bomen sprake van een klassenmaatschappij? Het lijkt er wel op, ook al is de term 'klasse' niet helemaal toepasselijk. Het gaat veel meer om de mate van verbinding of misschien zelfs van genegenheid die de hulpvaardigheid van bomenvrienden bepaalt. En je hoeft maar één keer naar boven te kijken of je ziet het. Een doorsneeboom strekt zijn takken zo ver uit tot hij op de punten van de takken van zijn even hoge buurman stuit. Verder gaat niet, omdat het lucht- of beter gezegd het lichtruim al bezet is. Toch worden de draagtakken flink versterkt, waardoor je de indruk krijgt dat er daarboven een stevige worsteling gaande is. Twee echte vrienden letten er echter van tevoren op dat de takken die ze in de richting van de ander vormen niet te dik zijn. Die willen elkaar over en weer niets ontnemen en vormen daarom alleen krachtige kroondelen naar de buitenkant, dus in de richting van bomen waarmee ze niet bevriend zijn. Zulke paren zijn via hun wortels zo innig verbonden dat ze vaak zelfs samen doodgaan.

Dergelijke vriendschappen waarbij er zelfs voor stompen nog wordt gezorgd, zul je in de regel echter alleen in natuurlijke bossen tegenkomen. Misschien doen alle soorten het wel, maar zelf heb ik stompen die lang in leven zijn gebleven behalve bij beuken ook nog bij eiken, sparren, dennen en douglassparren gezien. Aangeplante bossen, en dat zijn de meeste naaldbossen in Midden-Europa, gedragen zich kennelijk eerder als de straatkinderen uit het gelijknamige hoofdstuk. Omdat door het planten de wortels voorgoed beschadigd worden, lijken ze nauwelijks een netwerk te vormen. De bomen van dat soort bossen gedragen zich doorgaans als solisten en hebben het daardoor heel zwaar. Maar meestal worden ze toch al niet oud, omdat hun stammen, afhankelijk van de boomsoort, na ongeveer honderd jaar als oogstrijp worden beschouwd.

De taal van de bomen

Taal is volgens het woordenboek 'het vermogen van mensen om zich uit te drukken'. Als je er zo naar kijkt, kunnen alleen wij mensen spreken, omdat de term zich beperkt tot onze soort. Maar zou het niet interessant zijn om te weten of ook bomen zich kunnen uiten? Alleen, hoe doen ze dat? We kunnen het in elk geval niet horen, want ze zijn superstil. Takken die in de wind tegen elkaar aan schuren en ritselende blaadjes, dat is immers iets passiefs, waarop bomen geen invloed hebben. Maar bomen trekken door iets anders de aandacht: geurstoffen. Zijn geurstoffen dan de manier waarop ze zich uiten? Wij mensen kennen dat ook: waarom gebruiken we anders deodorant en parfum? Maar zelfs zonder het gebruik daarvan wordt het bewustzijn of onderbewustzijn van andere mensen beïnvloed door onze geur. De geur van sommige mensen staat je erg tegen, terwijl andere vanwege hun geur juist heel aantrekkelijk zijn. Volgens de wetenschap geven de feromonen in het zweet zelfs de doorslag als het gaat om het kiezen van onze partner, met wie we dus nakomelingen willen voortbrengen. Wij beschikken dus over een geheime geurtaal, en dat hebben bomen in elk geval ook. De volgende observatie uit de savannes van Afrika is inmiddels veertig jaar oud. Daar vreten giraffes van schermacacia's, iets wat die bomen totaal niet bevalt. Om de grote planteneters weer kwijt te raken, slaan de acacia's binnen een paar minuten gifstoffen op in hun bladeren. De giraffes weten dat en trekken naar de volgende boom. De dichtstbijzijnde? Nee, eerst laten ze diverse exemplaren links liggen en pas na een paar honderd meter zetten ze hun maaltijd voort. Dat heeft een frappante reden: de aangevreten acacia wasemt een waarschuwingsgas uit (in dit geval ethyleen) waarmee soortgenoten in de buurt duidelijk wordt gemaakt dat er onheil nadert. Vervolgens slaan alle gewaarschuwde bomen ook gifstoffen op om zich erop voor te bereiden. Giraffes kennen dat spelletje en trekken daarom iets verder over de savanne tot de plek waar ze nietsvermoedende bomen aantreffen. Of ze eten tegen de wind in. Want de geurboodschappen waaien via de lucht naar de volgende bomen, en als de dieren tegen de wind in lopen, vinden ze pal ernaast acacia's die geen idee van hun aanwezigheid hebben. Zulke processen spelen zich ook in onze eigen bossen af. Of het nu beuken, sparren of eiken zijn, het doet ze allemaal pijn als er iemand aan hen knabbelt. Als een rups flink toebijt verandert er iets aan het weefsel om de bijtplek heen. Bovendien zendt het elektrische signalen uit, net als het menselijk lichaam, als dat verwond wordt. Maar in bladeren van bomen verspreidt die impuls zich niet, zoals bij ons, binnen een paar milliseconden, maar met slechts één centimeter per minuut. Daarna duurt het nog een uur voor er afweerstoffen in de bladeren worden opgeslagen om de maaltijd van de parasiet te verpesten.[2] Bomen zijn nu eenmaal langzaam en zelfs bij gevaar lijkt dat de maximumsnelheid. Ondanks het lage tempo is het echter absoluut niet zo dat de individuele lichaamsdelen van een boom geïsoleerd van elkaar functioneren. Als bijvoorbeeld de wortels problemen ondervinden, wordt die informatie door de hele boom verspreid, waarna de bladeren geurstoffen afgeven. En dat zijn niet zomaar geurstoffen, ze zijn speciaal op de situatie afgestemd. Dat is een extra eigenschap die hen de komende dagen helpt om een aanval af te weren, want ze herkennen bij veel insectensoorten om welke boosdoener het gaat. Elke soort heeft zijn eigen speeksel en kan dus onderscheiden worden. En dat lukt zo goed dat door lokstoffen de gerichte hulp van predatoren kan worden ingeroepen, die zich blijmoedig op de plaag storten en de boom op die manier helpen. Iepen en dennen roepen bijvoorbeeld de hulp in van kleine wespen.[3] Die insecten leggen eitjes in bladetende rupsen. Het nageslacht van de wesp ontwikkelt zich daarin door de rups vanbinnen stukje bij beetje op te eten – niet zo'n prettige dood. Maar de bomen worden op die manier van de hinderlijke parasiet bevrijd en kunnen ongedeerd verder groeien.

Het feit dat ze speeksel kunnen herkennen is een bewijs voor nog een ander vermogen van bomen: kennelijk beschikken ze dus ook over smaakzin.

Een nadeel van geurstoffen is dat ze door de wind snel worden verdund. Daarom reiken ze vaak nog niet eens honderd meter ver. Ze vervullen meteen nog een tweede doel. Aangezien de signaalverspreiding binnen de boom heel langzaam verloopt, kan hij via de lucht grote afstanden sneller overbruggen en andere, meters ver verwijderde delen van zijn eigen lichaam sneller waarschuwen.

Vaak is echter niet per se een speciale hulpkreet voor de verdediging tegen insecten nodig. De dierenwereld registreert in principe de chemische boodschappen van de bomen en weet dan dat er ergens een aanval aan de gang is. Wie zin heeft in zulke kleine organismen voelt zich er onweerstaanbaar toe aangetrokken. Maar de bomen kunnen zichzelf ook verweren. Eiken bijvoorbeeld sturen giftige looistoffen naar hun bast en bladeren. Daardoor vinden knagende insecten ofwel de dood ofwel de smaak van de bast en bladeren verandert van een heerlijke sla in bittere gal. Wilgen vormen ter afweer salicien, wat een soortgelijke werking heeft. Bij ons mensen echter niet: thee van wilgenbast kan juist hoofdpijn en koorts verminderen en is de voorloper van aspirine.

Een dergelijke verdediging kost natuurlijk tijd. Daarom is samenwerking bij de vroegtijdige waarschuwing van doorslaggevende betekenis. De bomen rekenen daarbij niet alleen op de wind, want dan zou niet elke buurman lucht krijgen van het gevaar. Het is beter om hun boodschappen ook nog via de wortels te versturen, die alle exemplaren verbinden en onafhankelijk van het weer werken. Verrassend genoeg worden boodschappen niet alleen chemisch maar ook elektrisch verspreid en via de wortels gaat dat met een snelheid van één centimeter per seconde. Vergeleken met ons lichaam is dat weliswaar extreem langzaam, maar in het dierenrijk zijn er soorten, zoals kwallen of wormen, bij wie de geleidingssnelheid even traag is.[4] Is het nieuwtje verspreid, dan pompen prompt alle eiken in de hele omgeving ook looistoffen door hun aderen. De wortels van een boom reiken heel ver, meer dan dubbel zo ver als de kroonomvang. Daardoor zijn er overlappingen met de onderaardse uitlopers van buurbomen en zijn er contacten door vergroeiing. Dit is echter niet bij alle bomen het geval, ook in het bos zijn er eenlingen en vreemde vogels die weinig met hun soortgenoten ophebben. Kunnen zulke kouwe kikkers alarmmeldingen blokkeren door er gewoon niet op in te gaan? Gelukkig niet, want om te garanderen dat nieuwtjes snel worden verspreid, worden er meestal schimmels tussen geschakeld. Die werken net als de glasvezelleidingen van het internet. De dunne draden dringen door de grond heen in een weefsel dat zo dicht is dat je je het nauwelijks kunt voorstellen. Een theelepeltje bosgrond bevat een paar kilometer van die 'zwamdraden'.[5] Eén schimmel kan zich in de loop van de eeuwen over een paar vierkante kilometer uitbreiden en zelfs hele bossen verbinden. Door zijn leidingen geeft hij signalen van de ene boom door naar de andere en helpt hen boodschappen over insecten, droogte en andere gevaren uit te wisselen. Intussen spreekt zelfs de wetenschap van een 'wood-wide-web' dat door onze bossen heen loopt. Van wat en hoeveel er wordt uitgewisseld is tot op de dag van vandaag nog maar een heel klein deel onderzocht. Misschien bestaat er zelfs contact tussen verschillende boomsoorten, ook al beschouwen ze elkaar als concurrenten. Schimmels volgen nu eenmaal hun eigen strategie, die bemiddelend werkt en de boel weer in evenwicht trekt.

Als bomen verzwakt zijn, neemt misschien niet alleen hun weerstandsvermogen af, maar ook hun vermogen tot communicatie. Anders valt niet goed te verklaren dat insecten gericht kwetsbare exemplaren uitzoeken. Het is denkbaar dat ze luisteren naar de bomen, die paniekerige chemische waarschuwingen registreren en zwijgende individuen testen door in hun bladeren of bast te bijten. Misschien valt de zwijgzaamheid inderdaad terug te voeren tot een ernstige ziekte of soms ook tot schade aan het schimmelnetwerk, waardoor de boom van alle nieuwtjes is afgesneden. Die registreert naderend onheil niet meer, waardoor rupsen en kevers zich er naar hartenlust aan tegoed kunnen doen. Even kwetsbaar zijn overigens de hiervoor beschreven eenzelvige zonderlingen, die er weliswaar gezond uitzien, maar geen idee hebben wat er allemaal aan de hand is.

In de levensgemeenschap van het bos wisselen niet alleen de bomen, maar ook de struiken, de grassen en misschien zelfs alle plantensoorten op die manier van gedachten. Als we echter de velden in gaan, wordt het groen heel zwijgzaam. Onze cultuurplanten zijn het vermogen om boven- of ondergronds met elkaar te communiceren door veredeling grotendeels kwijtgeraakt. Ze zijn zo goed als doof en stom en vormen daardoor een gemakkelijke prooi voor insecten.[6] Dat is een van de redenen waarom de moderne landbouw zoveel gif moet spuiten. Misschien kunnen de kwekers in de toekomst een beetje afkijken bij de bossen en wat meer wilde eigenschappen en daardoor spraakzaamheid in graan en aardappels inkruisen.

De communicatie tussen bomen en insecten draait niet alleen om afweer en ziekte. Zelf heb je waarschijnlijk al weleens gemerkt, of in dit geval geroken, dat er veel positieve signalen tussen die zo verschillende wezens worden uitgewisseld. Want ik doel hier op prettige geurboodschappen uit de bloesems. Die verspreiden hun aroma niet toevallig of om ons een plezier te doen. Fruitbomen, wilgen of kastanjes trekken met olfactorische boodschappen de aandacht, en nodigen bijen uit om zoete nectar bij hen te komen halen. Dat geconcentreerde suikersap is de beloning voor de bestuiving die door de insecten heel terloops wordt uitgevoerd. Ook de vorm en kleur van de bloesem zijn een signaal, wat doet denken aan een reclamebord dat duidelijk afsteekt tegen alle kleuren groen van de boomkronen en de weg naar de snackbar wijst. Bomen communiceren dus via geur, optisch en elektrisch (via een soort zenuwcellen aan hun wortelpunten). Maar hoe staat het met geluiden, dus horen en spreken?

Als ik aan het begin zei dat bomen superstil zijn, dan wordt zelfs dat door de nieuwste inzichten in twijfel getrokken. Monica Gagliano van de Universiteit van West-Australië beluisterde dat samen met collega's uit Bristol en Florence in de bodem.[7] Omdat dat met bomen in het laboratorium niet goed gaat, werden in plaats daarvan de handzamere zaailingen van graan onderzocht. De meetapparatuur registreerde al snel een zacht knakken van de wortels bij een frequentie van 220 hertz. Knakkende wortels? Maar dat hoeft toch niets te betekenen? Zelfs dood hout knakt immers als je het in de kachel verbrandt! Maar ook de onderzoekers spitsten – weliswaar figuurlijk – hun oren door het in het laboratorium vastgestelde geluid. Want de wortels van andere zaailingen reageerden erop. Als ze werden blootgesteld aan een geknak van 220 hertz oriënteerden de punten ervan zich die kant op. Dat betekent dat gras die frequentie kan waarnemen, laten we gerust zeggen: kan 'horen'. Informatie-uitwisseling bij planten via geluidsgolven? Dat maakt nieuwsgierig naar meer, want aangezien ook wij mensen gericht zijn op communicatie via geluidsgolven, is dat misschien een sleutel om bomen beter te kunnen begrijpen. Het is amper voorstelbaar wat het zou betekenen als we zouden kunnen horen of het goed gaat met beuken, eiken en sparren of waar het hun aan ontbreekt. Zover is het jammer genoeg nog niet, het onderzoek staat op dat terrein nog volledig in de kinderschoenen. Maar als je tijdens je volgende boswandeling een zacht geknak hoort, dan was het misschien niet alleen de wind...

Sociale dienst

Tuinbezitters stellen me vaak de vraag of hun bomen niet te dicht op elkaar staan. Dan zouden ze namelijk licht en water van elkaar wegnemen. Die zorg is afkomstig uit de bosbouw: daar moeten de stammen zo snel mogelijk dik en oogstrijp worden, waarvoor ze veel ruimte en een gelijkmatige, ronde, grote kroon nodig hebben. Daarvoor worden ze om de vijf jaar van vermeende concurrenten bevrijd door die om te hakken. Omdat ze niet oud worden, maar al op honderdjarige leeftijd in de houtzagerij terechtkomen, vallen de negatieve gevolgen voor de gezondheid van de boom nauwelijks op. Negatieve gevolgen? Is het niet logisch dat een boom beter groeit als hij bevrijd wordt van hinderlijke concurrentie, veel zonlicht in zijn kroon krijgt en de beschikking heeft over een heleboel water rondom zijn wortels? Voor exemplaren die tot verschillende soorten behoren is dat inderdaad juist. Die vechten echt met elkaar om de plaatselijke hulpbronnen. Maar bij bomen van dezelfde soort is de situatie anders. Ik heb al verteld dat beuken bijvoorbeeld in staat zijn tot vriendschap en elkaar zelfs over en weer van voedingsstoffen voorzien. Een bos heeft er kennelijk geen belang bij om zwakkere leden te verliezen. Dan zouden er alleen maar gaten ontstaan, die het gevoelige microklimaat met zijn schemerlicht en zijn hoge luchtvochtigheid zouden verstoren. Maar verder zou elke boom zich vrij kunnen ontwikkelen en op zichzelf kunnen leven. Theoretisch gezien wel ja, maar bijvoorbeeld beuken lijken veel waarde te hechten aan een eerlijke balans. Vanessa Bursche van de Rheinisch-Westfälische Technische Hochschule in Aken heeft vastgesteld dat je in een niet-verstoord beukenbos wat betreft fotosynthese iets bijzonders kunt ontdekken. De bomen zijn kennelijk zo op elkaar afgestemd dat ze allemaal dezelfde prestatie leveren. En dat spreekt niet vanzelf. Elke beuk staat op een unieke plek. Of de grond nu steenachtig is of heel los, veel of nauwelijks water opslaat, veel voedingsstoffen krijgt of op een uiterst karig dieet staat – de omstandigheden kunnen binnen een paar meter enorm van elkaar verschillen. Dus heeft ook elke boom andere groeiparameters, waardoor hij sneller of langzamer groeit en dus ook minder suiker of hout kan vormen. Des te verbazingwekkender is dan ook het resultaat van het onderzoek: bomen compenseren zwakke en sterke punten onderling. Hoe dik of dun ze ook zijn, alle soortgenoten produceren per blaadje met behulp van het licht even grote hoeveelheden suiker. De compensatie gebeurt ondergronds via de wortels. Daar vindt kennelijk een levendige uitwisseling plaats. Wie veel heeft levert in, en arme sloebers krijgen hulp. Daarbij worden ook weer de schimmels ingeschakeld, die met hun enorme netwerk als een gigantische verdelingsmachine functioneren. Dat doet een beetje denken aan ons systeem van sociale voorzieningen dat ook voorkomt dat individuele leden van onze maatschappij te zeer aan lagerwal raken.

Beuken kúnnen niet eens te dicht op elkaar staan, integendeel. Groepsknuffels zijn welkom en de stammen staan vaak minder dan een meter uit elkaar. De kronen blijven daardoor klein en gedrongen en zelfs veel bosbouwers zijn van mening dat dat de bomen geen goed doet. Daarom worden ze gescheiden door vermeend overtollige exemplaren om te kappen. Collega's uit Lübeck hebben echter ontdekt dat een beukenbos waarvan de bomen dicht op elkaar staan, productiever is. Een duidelijke jaarlijkse extra toename van de biomassa, vooral hout, is het bewijs voor de gezondheid van de groep bomen. Samen kunnen ze de voedingsstoffen en het water kennelijk optimaal onder elkaar verdelen, zodat elk exemplaar maximaal kan groeien. Als we individuele exemplaren van hun vermeende concurrentie 'afhelpen', worden de overgebleven bomen kluizenaars. Contactpogingen met hun buren lopen op niets uit, omdat daar alleen maar stronken staan. Iedereen klungelt maar wat aan, met als resultaat dat er grote verschillen in productiviteit ontstaan. Veel exemplaren beoefenen in het wilde weg fotosynthese, waardoor er suiker te over is. Daardoor groeien ze beter en zijn ze fit, en toch leven ze niet lang. Want een boom kan altijd maar zo goed zijn als het bos om hem heen. En daar staan nu ook veel losers. Zwakkere exemplaren, die vroeger gesteund werden door de sterkere bomen, gaan er ineens op achteruit. Of het nu aan hun standplaats ligt, gebrek aan voedingsstoffen, het feit dat ze zich tijdelijk niet goed voelen of aan hun genetische aanleg: ze vallen nu gemakkelijk ten prooi aan insecten en zwammen. Hoort dat niet bij de evolutie, dat alleen de sterksten het overleven? Bomen zouden hun hoofd, dat wil zeggen hun kroon, daarover schudden. Hun welzijn hangt af van de gemeenschap en als vermeend krachteloze bomen verdwijnen, gaan de andere ook achteruit. Dan is het bos niet meer gesloten zodat hete zon en rukwinden tot op de bodem kunnen doordringen en het vochtig-koele klimaat veranderen. Ook sterke bomen worden in de loop van hun leven meermaals ziek en zijn op dat moment aangewezen op de ondersteuning van hun zwakkere buren. Zijn die er niet meer, dan is een onschuldige aanval door insecten al voldoende om het lot van zelfs woudreuzen te bezegelen.

Een heel bijzonder geval van hulp heb ik zelf ooit in gang gezet. In mijn beginjaren als houtvester liet ik jonge beuken ringen. Dan verwijder je op een meter hoogte een streep bast om de boom te laten afsterven. Dat is een bosbouwmethode waarbij de stammen niet worden omgezaagd, maar als dood hout in het bos blijven staan. Toch maken ze daardoor meer plek voor de levende bomen, omdat hun kronen geen blad hebben en meer licht naar hun buren doorlaten. Vind je dat wreed? Ik ook, want het is een langzame dood en daarom zou ik zoiets nu niet meer doen. Ik zag de beuken worstelen en ik zag vooral dat menigeen het tot op de dag van vandaag overleefde. Dat zou normaal gesproken helemaal niet mogelijk zijn, want zonder bast kan een boom geen suiker van zijn blaadjes naar zijn wortels sturen. Dus verhongeren ze en houden ze op met pompen, en omdat er nu geen water meer door het hout van de stam in de kroon komt, verdort de hele boom. Veel exemplaren groeiden echter min of meer vrolijk verder. Tegenwoordig weet ik dat dat slechts door de hulp van hun intacte buren mogelijk was. Die namen de onderbroken verzorging van de wortels via hun onderaardse netwerk over en zorgden er daardoor voor dat hun vrienden konden overleven. Sommige slagen er zelfs in om de onderbreking in de bast te overbruggen door nieuwe bast te laten groeien en ik moet toegeven dat ik me elke keer een beetje schaam als ik zie wat ik toen heb aangericht. Ik heb er alleen wel van geleerd hoe krachtig de gemeenschap van bomen kan zijn. Een ketting is zo sterk als zijn zwakste schakel – dat oude spreekwoord hadden de bomen kunnen uitvinden. En omdat ze dat intuïtief weten, helpen ze elkaar onvoorwaardelijk.

Liefde

Bomen zijn heel bedaard, iets wat ook tot uiting komt bij de voortplanting, die minstens een jaar van tevoren wordt gepland. Of het elk voorjaar tot bomenliefde komt, hangt af van de onderlinge verbondenheid. Naaldbomen sturen het liefst elk jaar hun zaadjes op reis, maar loofbomen volgen een geheel andere strategie. Voor ze gaan bloeien, stemmen ze dat eerst onderling af. Gaat het het volgende voorjaar gebeuren of willen ze liever nog één of twee jaar wachten? Bosbomen willen het liefst allemaal tegelijk bloeien, want dan kunnen de genen van veel individuen goed gemengd worden. Dat gaat bij naaldbomen net zo, maar loofbomen houden daarbij rekening met nog een reden: wilde zwijnen en reeën. Die beesten zijn gek op beukennootjes en eikels, waardoor ze dik winterspek kunnen kweken. Ze zijn zo dol op die vruchten omdat die voor ongeveer 50 procent uit olie en zetmeel bestaan – geen enkele andere vrucht heeft meer te bieden. In het najaar worden vaak hele bosgebieden tot op het laatste zaadje afgeschuimd, zodat er in het voorjaar nauwelijks jonge boompjes kunnen kiemen. Vandaar dat de bomen dat onder elkaar afstemmen. Als ze niet elk jaar bloeien, kunnen zwijnen en reeën zich daar niet op instellen. Hun aantal jongen blijft dan binnen de perken, omdat de drachtige dieren in de winter een lange tijd met weinig voedsel moeten zien te doorstaan, wat veel dieren niet overleven. Als ten slotte alle beuken of eiken ineens bloeien en vruchten vormen, dan kunnen de weinige planteneters niet alles naar binnen werken, zodat er genoeg onontdekte zaadjes overblijven om te ontkiemen. In zulke jaren kunnen wilde zwijnen hun geboortecijfer verdrievoudigen, omdat ze tijdens de winter in de bossen voldoende voedsel vinden. Uit vroeger tijden stamt het begrip 'mastjaren', dat gebruikt wordt voor de jaren waarin beuken en eiken veel meer vrucht dragen dan normaal. Vroeger benutten de plattelandsbewoners de overvloed aan vruchten voor de tamme familieleden van de wilde zwijnen, de varkens, die de bossen in gedreven werden. Die moesten voor de slacht vetgemest worden met de wilde vruchten en nog een keer flink spek kweken. De wildezwijnenpopulatie stort normaal gesproken het jaar daarop weer in, omdat de bomen dan opnieuw een time-out nemen en de bodem van het bos leeg blijft.

Dat bloeien met tussenpozen van een paar jaar heeft even ernstige gevolgen voor insecten, vooral voor bijen. Want voor hen geldt hetzelfde als voor wilde zwijnen: door een pauze van een paar jaar storten hun populaties in. Nou ja, van echt instorten is geen sprake, want grote bijenpopulaties kunnen er sowieso niet gevormd worden. De reden is dat echte bosbomen lak hebben aan de kleine helpers. Want wat hebben ze aan een paar bestuivertjes als er op honderden vierkante kilometers miljoenen bloesems opengaan? Dan moet je als boom een andere oplossing zien te vinden, iets betrouwbaarders wat je niet duur komt te staan. Wat ligt er dan meer voor de hand dan de wind in de arm te nemen? Die blaast het stoffijne stuifmeel uit de bloesems en draagt ze naar de buurbomen. Luchtstromen hebben ook nog een ander voordeel: die zijn er ook bij lagere temperaturen, zelfs onder de twaalf graden, een temperatuur waaronder het voor bijen te fris is waardoor ze thuisblijven. Dat is waarschijnlijk de reden waarom ook naaldbomen hun toevlucht nemen tot die strategie. Ze zouden het eigenlijk niet nodig hebben, omdat ze bijna elk jaar bloeien. Ze hoeven ook niet bang te zijn voor wilde zwijnen, omdat de kleine nootjes van de spar en aanverwanten geen aantrekkelijke voedingsbron vormen. Er zijn weliswaar vogels zoals de kruisbek, die met zijn sterke, gekruiste snavel dennenappels openbreekt en de zaden opvreet, maar gezien de hoeveelheid zaad lijkt dat geen groot probleem te zijn. En omdat er bijna geen dieren zijn die naaldhoutzaden als wintervoorraad willen aanleggen, geven de bomen hun potentiële kroost helikoptervleugels mee. Zo dalen ze langzaam van de tak naar beneden en kunnen ze gemakkelijk door rukwinden weggevoerd worden. Pauzes, zoals de beuk of de eik, hoeft een naaldboom in elk geval niet in te lassen.

Alsof de spar en aanverwanten de loofbomen bij de paring nog willen overtroeven brengen ze enorme massa's stuifmeel voort. Zoveel dat er al bij een licht briesje enorme stofwolken over bloeiende naaldbomen zweven, waardoor het eruitziet alsof er onder de kronen een walmend vuur brandt. Daarbij rijst onvermijdelijk de vraag hoe bij een dergelijke chaos inteelt vermeden kan worden. Bomen hebben het tot nu toe alleen overleefd omdat ze een grote genetische verscheidenheid binnen een soort vertonen. Als ze allemaal tegelijkertijd hun stuifmeel loslaten, dan mengen die piepkleine korreltjes van alle exemplaren zich en trekken door de kronen van alle bomen. En omdat het eigen stuifmeel om het eigen lichaam heen heel sterk geconcentreerd is, is het gevaar groot dat ze uiteindelijk ook de eigen vrouwelijke bloesems bevruchten. En dat is nou precies wat bomen om de hiervoor beschreven reden helemaal niet willen. Als oplossing zijn er verschillende strategieën ontstaan. Veel soorten – zoals de spar – vertrouwen op het juiste tijdstip. Mannelijke en vrouwelijke bloesems gaan met een tussenpoos van een paar dagen open, zodat de laatste vooral door vreemd stuifmeel van andere soortgenoten bestoven worden. De vogelkers, die op insecten vertrouwt, heeft die mogelijkheid niet. Bij die boom zitten de mannelijke en vrouwelijke geslachtsorganen in dezelfde bloesem. Bovendien laat hij zich als een van de weinige, echte bossoorten bestuiven door bijen, die systematisch de hele kroon afzoeken en daarbij automatisch het eigen stuifmeel verdelen. Maar de vogelkers is fijngevoelig en voelt het als er gevaar voor inteelt dreigt. Het stuifmeel dat op de vrouwelijke stempel met zijn zachte buisjes is terechtgekomen en daar wil binnendringen en richting de eicel wil groeien, wordt eerst onderzocht. Is het eigen stuifmeel, dan wordt het tegengehouden en gaat het dood. Alleen vreemd, veelbelovend erfgoed wordt doorgelaten en vormt later zaad en vruchten. Hoe kan de boom het onderscheid tussen vreemd en eigen maken? Dat weten we nog steeds niet precies. Het enige wat bekend is, is dat de genen daadwerkelijk geactiveerd worden en moeten passen. Je zou kunnen zeggen: de boom kan het voelen. Want lichamelijke liefde bij de mens betekent immers ook meer dan slechts het uitscheiden van lokstoffen die op hun beurt weer lichaamsafscheidingsproducten activeren. Hoe de paring door bomen wordt beleefd, zal nog wel lang voeding geven aan speculaties.

Veel soorten weten inteelt heel consequent te voorkomen doordat elk exemplaar maar één geslacht heeft. Zo zijn er mannelijke en vrouwelijke waterwilgen die zich daardoor automatisch nooit met zichzelf en alleen met vreemde bomen kunnen voortplanten. Maar wilgen zijn geen echte bosbomen. Ze verspreiden zich op pioniersstandplaatsen, dus overal waar nog geen bos staat. Omdat op zulke plekken hele massa's bloeiende kruiden en struiken groeien, die bijen aantrekken, vertrouwen ook wilgen op insecten voor hun bestuiving. Maar nu rijst er een probleem: de bijen moeten eerst naar de mannelijke wilgen vliegen om daar het stuifmeel mee te nemen en dat dan weer terugbrengen naar de vrouwelijke bomen. Omgekeerd zou er immers geen bevruchting tot stand komen. Hoe doe je dat als boom als beide geslachten tegelijk moeten bloeien? Wetenschappers hebben ontdekt dat alle wilgen voor dat doel een lokgeur afscheiden die de bijen aantrekt. Zijn de dieren eenmaal in het doelgebied aangekomen, dan moet het uiterlijk het verder in orde brengen. Voor dat doel spannen de mannelijke wilgen zich heel erg in met hun katjes, die ze felgeel laten stralen. Dat trekt in eerste instantie de aandacht van de bijen. Als de insecten hun eerste suikermaaltje hebben genuttigd, veranderen ze van richting en bezoeken ze de onopvallende groene bloesems van de vrouwelijke bomen.[8]

Inteelt, zoals dat bij zoogdieren bekend is – dus binnen een populatie die familie van elkaar is – is in alle drie de genoemde gevallen natuurlijk toch nog mogelijk. En om dat deels te voorkomen spelen de wind en de bijen een even belangrijke rol. Want beide overbruggen grote afstanden en zorgen er op die manier voor dat in elk geval een deel van de bomen stuifmeel van heel verre verwanten krijgt, waardoor de plaatselijke genenpool telkens weer wordt ververst. Alleen volkomen geïsoleerde bestanden van zeldzame boomsoorten, waar slechts een paar exemplaren van bij elkaar staan, kunnen hun verscheidenheid verliezen, waardoor ze kwetsbaarder worden en na een paar eeuwen ten slotte helemaal verdwijnen.

Boomloterij

Bomen leven vanuit innerlijke balans. Ze verdelen hun krachten zorgvuldig en moeten er zuinig mee omspringen om al hun behoeften te kunnen bevredigen. Een deel van hun energie gaat in het groeien zitten. De takken moeten langer worden en de stam moet in diameter toenemen om het toenemende gewicht te kunnen dragen. Bovendien worden er reserves achtergehouden voor het geval insecten of schimmels de boom aanvallen, zodat die dan meteen kan reageren en antistoffen in bladeren en bast activeert. Ten slotte blijft nog de voortplanting over. Bij een jaarlijks bloeiende soort wordt er rekening gehouden met die krachttoer door een zorgvuldig uitgebalanceerd krachtenevenwicht. Soorten als de beuk of de eik die maar om de drie of vijf jaar bloeien, raken hierdoor uit hun gewone doen. Het grootste deel van hun energie is al op een andere manier gepland; bovendien worden beukennootjes en eikels in dusdanige hoeveelheden geproduceerd dat al het andere daarvoor moet wijken. Dat begint al met de plek aan de takken. Er is daar eigenlijk geen vrij plekje meer voor bloesems en daarom moeten evenredig veel bladeren hun plekje vrijmaken. Als de bloesems verwelkt afvallen zien de bomen eruit als een geplukte kip. Het zal niemand verbazen dat monitoringrapporten met betrekking tot die soorten in dat soort jaren vaststellen dat de toestand van de kronen schrikbarend slecht is. Omdat ze allemaal op hetzelfde moment bloeien, lijkt het bos op het eerste gezicht ziek.

Het is weliswaar niet ziek, maar wel kwetsbaar. Want de bloesempracht wordt voortgebracht door de laatste reserves in te zetten, en dat is extra lastig door de verminderde bladermassa, die nu minder suiker kan produceren dan in normale jaren. En daarvan wordt wederom een groot deel omgezet in olie en vet in de zaden, zodat er voor de boom zelf en zijn wintervoorraden nauwelijks iets overblijft. Om nog maar te zwijgen van energiereserves, die eigenlijk bedoeld zijn om ziekten af te weren. Veel insecten wachten daar juist op. Zoals de slechts twee millimeter grote beukenspringkever, die nu miljoenen eitjes in het verse, weerloze loof legt. Hier vreten zijn piepkleine larfjes platte gangen tussen de boven- en onderkant en laten bruine vlekken achter. De volwassen kever knaagt gaten in de bladeren, die er daarna uitzien alsof een jager er een schot hagel op gelost heeft. In sommige jaren zijn de beuken zo ernstig aangetast dat ze vanuit de verte eerder bruin dan groen lijken. Normaal gesproken zouden de bomen zich verweren en de insecten de maaltijd letterlijk vergallen. Maar door de bloei kunnen ze geen pap meer zeggen en moeten ze dit jaargetijde de aanval zwijgend dulden. Gezonde exemplaren kunnen dat incasseren, vooral omdat er daarna weer een paar jaar volgen waarin ze zich kunnen herstellen. Maar als een beuk daarvoor al een beetje sukkelde, dan kan een dergelijke aantasting door insecten het begin van het definitieve einde zijn. Maar zelfs al zou de boom dat weten, dan zou hij zich er niet van laten weerhouden om te bloeien. Uit de periode van massale bossterfte is bekend dat vooral gehavende exemplaren vaak bloeien. Die willen zich waarschijnlijk nog snel voortplanten, voordat hun genetische erfgoed door hun dood voorgoed dreigt te verdwijnen. Een soortgelijk effect brengen extreem droge zomers teweeg, waardoor heel wat bomen op het randje van de dood staan en daardoor het jaar erop samen gaan bloeien. Daarmee is meteen duidelijk dat veel eikels en beukennootjes er niet op duiden dat er een strenge winter voor de deur staat. De bloesems worden immers al in de zomer van het jaar ervoor gevormd, zodat je aan de hoeveelheid vruchten alleen kunt zien hoe het afgelopen jaar is geweest.

De zwakke weerstand vindt zijn neerslag nog een keer in het najaar en wel in de zaden. Dus boort de beukenspringkever ook gaten in de vruchtknoppen, waardoor zich nog wel beukennootjes kunnen vormen maar die hol blijven en dus leeg, waardoor ze waardeloos zijn.

Zijn de zaden eenmaal van de boom gevallen, dan heeft elke soort zijn eigen strategie wanneer die ontkiemen. Hoezo wanneer? Als de zaadjes in warme, vochtige aarde liggen, dan zouden ze door de warme lentezon toch meteen moeten uitlopen? Elke dag dat de boomembryo's onbeschut op de grond liggen, is immers levensgevaarlijk. Wilde zwijnen en reeën hebben tenslotte ook in het voorjaar trek. Grootvruchtige soorten als beuken en eiken doen dat inderdaad zo. De jonkies gaan zo snel mogelijk van start uit de beukennootjes en eikels, zodat ze voor planteneters minder aantrekkelijk zijn. En omdat iets anders ook niet op de agenda staat, hebben de zaden geen langer aanhoudende afweerstrategie tegen schimmels en bacteriën. Slaapkoppen die verzuimen te ontkiemen en zelfs in de zomer nog onveranderd rondslingeren, zijn vóór het volgende voorjaar verrot. Veel andere soorten geven hun zaden echter de kans om nog één of meerdere jaren te wachten voor het begint. Dat levert weliswaar een verhoogd risico op dat ze worden opgegeten, maar het heeft ook aanzienlijke voordelen. Want in een droog voorjaar kunnen de zaailingen verdrogen – en dan is alle energie die in de nakomelingen is gestoken voor niets geweest. Of een ree zoekt zijn territorium en voedt zich uitgerekend op de plek waar het zaad terecht is gekomen. De uitgelopen smakelijke kiemblaadjes verdwijnen dan meteen zijn maag in, terwijl ze nog maar een paar dagen oud zijn. Als daarentegen een deel van de zaden pas na één of meerdere jaren ontkiemt, dan spreid je de kansen, zodat er in elk geval een paar boompjes uit kunnen ontstaan. De vogelkers doet het op die manier: haar zaden kunnen tot vijf jaar blijven liggen om bij gunstige omstandigheden een doorstart te maken. Voor een echte pioniersboom is dat een handige strategie. Terwijl beukennootjes en eikels altijd onder hun moederbomen vallen en de kiemplantjes dus opgroeien in een voorspelbaar aangenaam bosklimaat, kunnen kleine vogelkersjes overal terechtkomen. Het is immers een kwestie van toeval waar de vogel die de wrange vrucht heeft opgegeten de zaden inclusief mest weer uitscheidt. Is dat op open terrein dan hebben extreme jaren met hoge temperaturen en overeenkomstig watergebrek een veel negatiever effect dan in de vochtig koele schaduw van oude bossen. Daar is het beter als ten minste een deel van de blinde passagiers pas jaren later ontwaakt tot een nieuw leven.

En na het ontwaken? Hoe zien de kansen van de boomkinderen eruit om ooit zelf echt groot te worden en kroost te krijgen? Dat kun je betrekkelijk eenvoudig uitrekenen. Elke boom brengt statistisch gezien exact één opvolger groot, die eens zijn plaats zal innemen. Zolang dat niet gebeurt, kunnen de zaadjes weliswaar ontkiemen en de jonge scheuten een paar jaar of zelfs tientallen jaren in de schaduw vegeteren, maar op een gegeven moment kwijnen ze weg. Ze zijn niet de enigen. Tientallen andere lichtingen staan ook aan de voet van hun moeder en van lieverlee geven de meeste exemplaren de geest en vergaan weer tot humus. Alleen de weinige geluksvogels die door de wind of door dieren naar vrije plekjes bosgrond zijn vervoerd kunnen daar ongehinderd doorgroeien en volwassen worden.

Terug naar de kansen. Een beuk produceert elke vijf jaar minstens 30.000 beukennootjes (door de klimaatverandering intussen zelfs elke twee tot drie jaar, maar dat laten we even buiten beschouwing). Vanaf een leeftijd van 80 tot 150 jaar, afhankelijk van de hoeveelheid licht die hij op zijn standplaats krijgt, wordt hij geslachtsrijp. Bij een maximumleeftijd van 400 jaar kan hij dus minstens 60 keer vruchten zetten en in totaal rond de 1,8 miljoen beukennootjes vormen. Daarvan groeit er exact één uit tot een volgroeide boom, wat voor bossen al een goede score is, vergelijkbaar met zes op een rij in de lotto. Alle andere hoopvolle embryo's worden ofwel door dieren opgegeten ofwel door schimmels en bacteriën afgebroken tot humus. Volgens hetzelfde schema kunnen we uitrekenen welke kansen boomkinderen in het ongunstigste geval te wachten staat, zoals bij populieren. De moederbomen produceren elk tot 26 miljoen zaadjes – per jaar.[9] En de kleintjes zouden maar al te graag met het beukenkroost ruilen! Want voor de oude bomen doodgaan hebben zij tot meer dan een miljard zaadjes gevormd, die zich door een donslaagje per luchtpost op weg begeven naar nieuwe contreien. En ook hier kan er zuiver statistisch gezien maar één de winnaar zijn.

Lekker langzaam

Lange tijd wist ik zelf niet hoe langzaam bomen wel niet groeien. In mijn district staan jonge beuken die tussen de één en twee meter hoog zijn. Ik zou ze vroeger maximaal een leeftijd van tien jaar hebben gegeven. Toen ik me met de geheimen ver van de bosbouw bezig ging houden, ging ik er beter naar kijken. De leeftijd van jonge boompjes kun je goed schatten aan de hand van de kleine knopen op de takken. Dat zijn minuscule verdikkingen die eruitzien als een hoop heel fijne vouwen. Die vormen zich elk jaar onder de knoppen en als die het volgende voorjaar uitlopen en de tak daardoor langer wordt, blijven de knopen achter. Elk jaar is het weer hetzelfde liedje en dus is het aantal knopen gelijk aan de leeftijd. Als de tak dikker wordt dan drie millimeter, verdwijnen de knopen in de zich uitbreidende bast.

Bij de door mij onderzochte beuken bleek een takje van 20 centimeter al 25 van dat soort verdikkingen te vertonen. Op het centimeters dikke stammetje waren weliswaar geen aanwijzingen voor de leeftijd meer te ontdekken, maar als ik de totale leeftijd voorzichtig extrapoleerde uit de leeftijd van het takje, dan moest het boompje minstens 80 jaar oud zijn, en misschien zelfs nog wel ouder. Dat kon ik toen bijna niet geloven, tot ik me in het onderwerp 'oerbos' ging verdiepen. En sindsdien weet ik: dat is volkomen normaal. Kleine bomen zouden heel graag snel willen groeien en een halve meter per seizoen de hoogte in schieten zou absoluut haalbaar zijn. Maar jammer genoeg hebben hun eigen moeders daar iets op tegen. Met hun reusachtige kronen beschermen ze al hun kroost en met de andere volwassen bomen vormen ze een dik dak boven het bos. Daardoor dringt maar 3 procent van het zonlicht tot de bodem, respectievelijk de bladeren van hun kinderen door. 3 procent – dat is bijna niets. Daarmee kun je nog net genoeg fotosynthese bedrijven om niet dood te gaan. Flink de hoogte in schieten of zelfs een dikkere stam zit er niet in. En het is niet mogelijk om je tegen die strenge opvoeding te verzetten, omdat je er de energie niet voor hebt. Opvoeding? Ja, het gaat echt om een pedagogische maatregel, die juist om bestwil van de kleintjes is. Dat begrip is trouwens niet uit de lucht gegrepen, maar wordt hier door houtvesters ook al generaties voor gebruikt.

Boompjes worden opgevoed door het licht te beperken. Maar waar is dat goed voor? Willen ouders dan niet dat hun kroost zo snel mogelijk zelfstandig wordt? Bomen zouden dat hevig ontkennen en krijgen daarvoor de laatste tijd steun uit de hoek van de wetenschap. Die heeft vastgesteld dat een langzame groei in de jeugd de voorwaarde is om een hoge leeftijd te kunnen bereiken. Wij mensen verliezen gemakkelijk uit het oog wat echt oud is, want de moderne bosbouw streeft slechts naar een maximumleeftijd van een jaar of 80 tot 120: dan worden de geplante bomen gekapt en verwerkt. Onder natuurlijke omstandigheden zijn ze dan nog maar potlooddik en manshoog. Hun houtcellen binnenin zijn door het langzame groeien heel klein en bevatten weinig lucht. Dat maakt ze flexibel en resistent tegen breuk door storm. Nog belangrijker is hun verhoogde weerstand tegen schimmels die zich in het taaie stammetje nauwelijks kunnen uitbreiden. Verwondingen zijn voor dit soort bomen niet dramatisch, omdat ze die in alle rust kunnen 'afgrendelen', dat wil zeggen met bast kunnen afsluiten, zonder dat er meteen een rotte plek ontstaat. Een goede opvoeding is de garantie voor een lang leven, maar soms wordt het geduld van de boomkinderen ernstig op de proef gesteld. De kleine beukjes waar ik het over had, die al minstens 80 jaar stonden te wachten, stonden om moederbomen van 200 jaar oud heen. Gerekend naar menselijke maatstaven zou dat overeenkomen met een volwassene van veertig. Misschien moeten de dwergjes nog twee eeuwen rustig vegeteren voor ze eindelijk een kans krijgen. Maar het wachten wordt wel veraangenaamd. Hun moeders nemen via de wortels contact met hen op en geven hun suiker en andere voedingsstoffen. Je zou ook kunnen zeggen: boombaby's krijgen de borst.

Of jonge bomen wachten of juist op het punt staan snel aan hoogte te winnen, kun je zelf waarnemen. Kijk maar eens naar de takjes van een kleine zilverspar of beuk. Zijn de zijtakjes duidelijk langer dan de verticale hoofdloot, dan staat het kroost in de wachtmodus. Het bestaande licht levert niet voldoende energie om een langere stam te maken, en dus proberen de kleintjes de weinige reststralen liever zo effectief mogelijk op te vangen. Daarom spreiden ze hun takken mooi horizontaal en laten daaraan speciale, heel gevoelige en dunne schaduwblaadjes en -naalden groeien. Vaak is er bij zulke bomen helemaal geen top meer te herkennen en zien ze er eerder uit als een platkronige bonsai.

Op een dag is het dan eindelijk zover. De moederboom heeft de maximale leeftijd bereikt of is ziek geworden. Misschien komt het dan tijdens een zomerse stortbui tot de laatste krachtmeting. In de neerslaande regen kan de vermolmde stam de duizenden kilo's zware kroon niet langer dragen en spat in splinters uit elkaar. Als de boom tegen de grond slaat, gaan er ook een paar wachtende zaailingen aan. De rest van de kleuterschool krijgt door het ontstane gat het startsignaal, want nu kunnen ze naar hartenlust fotosynthese bedrijven. Daarvoor moeten ze wel hun stofwisseling omschakelen: er moeten bladeren en naalden worden gevormd die tegen feller licht kunnen en dat ook kunnen verwerken. Dat duurt tussen de één en drie jaar. Hebben ze dat voor elkaar, dan moeten ze er als de wiedeweerga tegenaan. Alle kleintjes willen nu groeien en alleen de boompjes die zonder veel omhaal kaarsrecht naar boven schieten blijven in de race. Kwajongens daarentegen, die denken dat ze eerst nog best een beetje naar links of naar rechts kunnen afslaan of nog wat kunnen treuzelen voordat ze hun weg naar boven zoeken, hebben weinig kans van slagen. Hun vrienden groeien hun boven het hoofd, waardoor ze opnieuw in het schemerlicht terechtkomen. Het verschil: onder de blaadjes van de kinderen die hen zijn gepasseerd is het nog donkerder dan onder die van hun moeder, want de kleuterschool verbruikt het grootste deel van het zwakke restlicht. Achterblijvers blazen daardoor hun laatste adem uit en vergaan weer tot humus.

Op de weg naar boven loeren nog meer gevaren. Want zodra fel zonlicht de fotosynthese aanwakkert en de groei bevordert, gaan de knoppen van de scheuten meer suiker bevatten. Toen ze nog in de wachtstand zaten waren het taaie, bittere pillen, nu zijn het heerlijke bonbons geworden – tenminste in de optiek van de reeën. Daarom valt een deel van de boomkinderen ten prooi aan die planteneters die door de extra calorieën de winter door weten te komen. Maar omdat het om een enorme schare gaat, blijven er nog genoeg over voor de verdere weg omhoog.

Waar een paar jaar lang ineens meer licht is, beproeven ook bloeiende planten als de wilde kamperfoelie hun geluk. Die hengelt zich met zijn ranken om het stammetje omhoog, door zich er keurig rechts omheen (dus met de klok mee) te winden. Zo kan hij de groei van het jonge boompje bijhouden en zijn bloemen omhoogsteken naar de zon. Maar zijn kronkelende scheuten groeien in de loop van de jaren in de bast en verstikken het boompje geleidelijk aan. Nu is het een kwestie van geluk hebben: sluit het kronendak van de oude bomen zich na een tijdje weer en wordt het opnieuw donker? Dan gaat de wilde kamperfoelie dood en blijven er slechts littekens achter. Houdt de grotere hoeveelheid licht echter langer aan, bijvoorbeeld doordat de afgestorven moederboom heel groot was en er daardoor een groot gat is ontstaan, dan kan een aangetast jong boompje verstikt worden. Dan doet het alleen ons mensen nog een genoegen, want het hout ervan kan tot grillig gedraaide wandelstokken worden verwerkt.

De boompjes die alle hindernissen hebben overwonnen en mooi slank verder groeien, moeten na uiterlijk twintig jaar weer heel geduldig zijn. Zo lang duurt het tot de buren van de dode moederboom het gat met hun takken hebben gedicht. Die grijpen daarbij ook de kans om op hun oude dag nog wat extra plek voor fotosynthese te bemachtigen en hun kroon verder uit te breiden. Is op de bovenverdieping alles dichtgegroeid, dan wordt het onderaan weer donker. De jonge beuken, dennen of sparren hebben nog maar de helft van de weg afgelegd en moeten nu opnieuw wachten tot een van die grote buren de handdoek in de ring werpt. Dat kan tientallen jaren duren, maar in dit stadium is ieders lot wel bepaald. Alle bomen die het gelukt is tot de middenverdieping door te dringen worden door geen enkele concurrent meer bedreigd: dit zijn de kroonprinsen en -prinsessen die bij de volgende gelegenheid eindelijk volwassen mogen worden.

De boomhandleiding

In het bos is er een ongeschreven handleiding voor bomen. Die schrijft voor hoe je er als rechtgeaard oerboslid uit moet zien en wat je moet doen of laten. Een volgzaam, volgroeid loofboomexemplaar ziet er als volgt uit: hij heeft een kaarsrechte stam met gelijkmatige houtvezels. Zijn wortels spreiden zich mooi symmetrisch naar alle kanten uit en gaan onder de boom de diepte in. De zijtakken aan de stam, die in zijn jeugd heel dun waren, zijn nu allang afgestorven en met verse bast en nieuw hout gesloten zodat er een lange, gladde zuil staat. Pas bovenaan vormt zich een gelijkmatige kroon uit sterke, naar boven wijzende takken, die eruitzien als armen die zich uitstrekken naar de hemel. Zo'n ideale boom kan heel oud worden. Bij naaldbomen gelden soortgelijke regels, alleen mogen de kroontakken horizontaal of licht naar onderen gebogen zijn. Waar dient dat allemaal toe? Zijn bomen soms heimelijk estheten? Dat weet ik helaas ook niet, maar er is een goede reden voor dat ideale uiterlijk: stabiliteit. De grote kronen van volgroeide bomen worden blootgesteld aan rukwinden, hevige regenbuien en zware sneeuwpakketten. Die krachten moeten worden opgevangen en via de stam naar de wortels worden geleid, die het meeste voor hun kiezen krijgen en moeten voorkomen dat de boom omkiept. Om die reden klampen ze zich in de aarde en aan stenen vast. Een orkaan kan een trekkracht van 200.000 kilo veroorzaken die aan de voet van de stam rukt.[10]

Is er ergens in de boom een zwakke plek, dan kan de stam scheuren en in het ergste geval afbreken en daarmee de hele kroon vernietigen. Gelijkmatig gevormde bomen kunnen krachten die hen treffen even gelijkmatig opvangen doordat ze die overal in hun lichaam kunnen afvoeren en verdelen.

Wie zich echter niet aan de handleiding houdt, komt in de problemen. Is de stam bijvoorbeeld gebogen, dan heeft de boom in rust al klachten. De enorme last van de kroon wordt niet over de hele diameter van de stam verdeeld, maar drukt aan één kant op het hout. Om niet door te buigen moet de boom het hier versterken, wat je kunt zien aan erg donkere jaarringen (hier is minder lucht en meer substantie opgeslagen). Nog ongunstiger is het als er twee hoofdloten gevormd worden. Dat wordt een vork of gaffel genoemd. Bij deze bomen splitst de boom zich op een bepaalde hoogte en groeit daarna dubbel verder. Bij hevige wind buigen die twee delen, die immers elk hun eigen kroon hebben, afzonderlijk van elkaar heen en weer, waarbij ze de plek waar de gaffel zit zwaar belasten. Is dit overgangsgebied gevormd als een stemvork of een 'U', dan gebeurt er meestal niets. Het is echter oppassen geblazen als de gaffel de vorm van een 'V' heeft en dus heel spits toeloopt. Dan zal hij op het diepste punt, waar de twee stamdelen uit voortkomen telkens weer openscheuren. Omdat dat voor de boom heel pijnlijk is, vormt hij hier enorme knobbels van hout om verder inscheuren te voorkomen. Meestal haalt dat niet veel uit en sijpelt er uit die plek continu vocht, dat zwart van kleur is door de bacteriën. Tot overmaat van ramp blijft er ook nog water in staan, dat de scheur binnendringt en tot rotting leidt. Veel bomen met een gaffel breken daarom op een dag uit elkaar, waarna de stabielste helft blijft staan. Die halve boom kan het dan nog tientallen jaren overleven, maar veel langer niet. Het enorme, open wondoppervlak kan niet meer genezen, waardoor schimmels hem vanbinnen langzaam opeten.

Veel bomen hebben voor de vorm van hun stam blijkbaar de banaan als voorbeeld uitgekozen. Ze groeien van onderen heel scheef en lijken zich pas later weer naar boven gericht te hebben. Ze hebben lak aan de boomhandleiding en kennelijk staan ze daarin niet alleen: vaak gedragen hele stukken bos zich zo. Zijn de natuurwetten hier niet meer van kracht?

Integendeel: de omringende natuur dwingt de bomen tot dergelijke groeivormen. Bijvoorbeeld hoog in de bergen, vlak onder de boomgrens. In de winter ligt er dikwijls metershoge sneeuw, die vaak begint te glijden. Dat hoeven niet eens lawines te zijn, want ook als de sneeuw er rustig bij ligt, glijdt die langzaam en voor ons oog niet zichtbaar richting dal. Daarbij buigt hij de bomen om, in elk geval de jonge exemplaren. Bij de allerkleinste is dat geen ramp, die richten zich nadat de sneeuw is gesmolten zonder kwetsuren gewoon weer op. Bij halfvolwassen exemplaren die net een paar meter hoog zijn, wordt de stam wel beschadigd. In het ergste geval breekt die af, in andere gevallen blijft hij scheef staan. Vanuit die situatie proberen de bomen weer loodrecht naar boven te komen. En omdat een boom alleen aan zijn top kan groeien, blijft het onderste scheve deel zoals het is. De volgende winter worden de bomen weer een beetje scheef gedrukt, maar de loot van het jaar daarop wijst ook weer loodrecht omhoog.

Als dat spelletje vele jaren zo doorgaat, vormt zich geleidelijk aan een boom die sabelvormig is. Pas met het ouder worden wordt de dikke stam zo stabiel dat normale sneeuw geen ellende meer kan veroorzaken. De onderste 'sabel' behoudt zijn vorm, terwijl het bovenste deel van de stam nu niet meer gestoord wordt en, net als bij normale bomen, mooi recht is.

Zoiets kan bomen ook zonder sneeuw overkomen, eveneens op hellingen. Want de grond daar glijdt vaak over een periode van jaren heel langzaam richting het dal. Vaak legt de grond slechts een paar centimeter af. Maar de bomen glijden langzaam mee en kantelen, terwijl ze tegelijkertijd doorgaan met naar boven groeien.

Extreme voorbeelden daarvan zie je in Alaska of Siberië, waar door de klimaatverandering de permafrostgronden ontdooien. De bomen verliezen hun vastigheid en raken in de modderige ondergrond volkomen uit het lood. En omdat elke boom een andere kant op kiept, ziet het bos eruit als een groep rondwankelende dronkenmannen. Heel toepasselijk noemen wetenschappers dergelijke bomen *drunken trees*.

Aan bosranden zijn de regels voor het recht groeien van de stammen niet meer zo streng. Hier is licht van de zijkant, van een weiland of een meertje waarop nu eenmaal geen bomen groeien. Kleinere exemplaren onder grote bomen kunnen uitwijken door in de richting van het open terrein te groeien. Vooral loofbomen kunnen door een heel scheve stam hun kroon tot tien meter verplaatsen doordat ze de hoofdloot bijna horizontaal laten afbuigen. Natuurlijk loopt de boom daardoor het gevaar dat hij breekt, bijvoorbeeld als er veel sneeuw valt en de hefboomwetten hun tol eisen. Maar een verkort leven met genoeg licht om je voort te planten is altijd nog beter dan helemaal geen leven. Terwijl de meeste loofbomen die kansen grijpen, zijn de meeste naaldbomen halsstarrig. Er wordt recht gegroeid en daarmee uit! Mooi tegen de zwaartekracht in, dus meteen loodrecht naar boven, zodat de stam perfect gevormd en stabiel blijft. Slechts de zijtakken kunnen aan de rand van het bos in de richting van het licht duidelijk dikker en langer worden, maar daarmee houdt het op. Alleen de grove den is eigenwijs en verplaatst gretig zijn kroon. Geen wonder dus dat hij de naaldbomensoort met het hoogste percentage sneeuwbreuk is.

Boomschool

Dorst kunnen bomen slechter verdragen dan honger, want met honger weten ze altijd raad. Als een bakker die altijd genoeg brood heeft, kunnen ze door de fotosynthese een rommelende maag meteen tegengaan. Maar zelfs de beste bakker kan zonder water niets bakken en ook voor bomen is het zonder vocht over met de productie van voedingsmiddelen. Een volwassen beuk kan per dag meer dan 500 liter water door zijn takken en bladeren jagen, en zolang hij van onderen genoeg water kan trekken, doet hij dat ook.[11] Het vocht in de bodem zou echter al snel zijn uitgeput als dat in de zomer elke dag zo ging. In het warme jaargetijde regent het veel te weinig om de uitdrogende grond weer bij te vullen. Daarom wordt er in de winter getankt: dan regent het overvloedig en het verbruik is op dat moment tot nul gereduceerd, omdat bijna alle planten een pauze hebben ingelast. Samen met de ondergronds opgeslagen voorjaarsneerslag is het verzamelde vocht meestal voldoende tot de zomer begint. Maar dan wordt het in veel jaren schaars. Een hitteperiode van twee weken zonder regen zorgt er al voor dat de meeste bossen het moeilijk krijgen. Dat geldt vooral voor de bomen die veel waarde hechten aan een goed bewaterde bodem. Zij beperken hun verbruik niet en gaan verkwistend met het vocht om, en meestal zijn het de krachtigste, grootste exemplaren die daar op een gegeven moment voor moeten boeten.

In mijn district zijn het vooral de sparren die dan barsten. Ze barsten echter niet uit al hun voegen, maar alleen bij de stam. Is de bodem uitgedroogd en willen de naalden boven in de kroon toch meer vocht hebben, dan wordt de spanning in het uitdrogende hout op een gegeven moment gewoon te groot. Het knettert en het knalt en vervolgens verschijnt er een meterslange scheur in de bast. Die trekt tot diep in het weefsel, waardoor de boom ernstig gewond raakt. Want door de spleet dringen meteen schimmelsporen binnen, die daar met hun verwoestende werk beginnen. De komende jaren zal de spar weliswaar proberen die wond te repareren, maar hij gaat telkens weer open. Al van verre is de zwarte, harsige schors te herkennen, die getuigt van het pijnlijke proces.

En daarmee zijn we midden in de 'boomschool' aangekomen. Hier wordt helaas nog steeds heel autoritair opgetreden, want de natuur is een strenge lerares. Wie niet oplet en zich niet aanpast, moet het maar voelen. Scheuren in het hout, in de bast, in het uiterst gevoelige cambium: veel erger kan het voor een boom niet. Hij moet nu wel reageren, en niet alleen door een poging om de wonden te sluiten. Voortaan zal hij het water beter verdelen, en pompt hij niet meteen in het voorjaar ten koste van alles al het water omhoog dat in de grond zit. Bomen leren ervan en behouden dat nieuwe, zuinige gedrag, zelfs als de aarde vochtig genoeg is – want je weet tenslotte maar nooit! Dat vooral sparren op waterrijke gronden daardoor worden getroffen, is geen wonder: die zijn verwend. Al een kilometer verderop, op een stenige, droge zuidhelling, ziet de situatie er heel anders uit. Hier zou ik de eerste schade door sterke zomerdroogte verwachten. Wat je ziet is juist het tegendeel. De taaie asceten die hier staan, kunnen veel meer hebben dan hun collega's die met water zijn verwend. Hoewel hier het hele jaar veel minder water ter beschikking is omdat de bodem minder opslaat en de zon veel heter brandt, gaat het goed met de sparren. Ze groeien aanzienlijk langzamer, maar verdelen het weinige water kennelijk beter en weten zelfs extreme jaren goed te doorstaan.

Een veel zichtbaarder leerproces is de eigen standvastigheid. Bomen maken het zichzelf niet graag onnodig zwaar. Waarom zou je een dikke, stabiele stam vormen als je lekker tegen je buurbomen aan kunt leunen? Zolang die blijven staan, kan er niet veel gebeuren. Maar in Midden-Europa komt er elke paar jaar een groep bosarbeiders of een oogstmachine om 10 procent van het hout te oogsten. In natuurlijke bossen laat de dood door ouderdom van een imposante moederboom zijn omgeving labiel achter. Zo ontstaan er gaten in het kronendak; en veel beuken of sparren die er comfortabel bij stonden, staan ineens wankel op eigen benen, in dit geval wortels. Nu staan bomen niet bekend om hun snelheid, dus duurt het drie tot tien jaar voor ze na een dergelijke verandering weer stevig staan. De aanzet tot het leerproces wordt gegeven door pijnlijke haarscheurtjes, die ontstaan doordat de bomen in de wind flink heen en weer buigen. Op de plekken waar het pijn doet moet je als boom je skelet versterken. Dat kost veel energie, die vervolgens ontbreekt om de hoogte in te groeien. Een kleine troost daarbij is het extra licht dat nu beschikbaar is voor de eigen kroon door het uitvallen van de buurboom. Toch duurt het een paar jaar voor dat volledig kan worden benut. De bladeren waren tot nog toe immers alleen op schemerlicht ingesteld, dus heel zacht en lichtgevoelig. Als de volle zon er nu op schijnt, dan verbranden ze deels – en dat doet opnieuw pijn! En omdat de knoppen voor het komende jaar al in het voorjaar en de zomer van het seizoen ervoor worden aangelegd, lukt het loofbomen op zijn vroegst om zich na twee vegetatieperioden aan een verandering aan te passen. Naaldbomen hebben daar nog langer voor nodig, omdat hun naalden tot zeven jaar aan de tak blijven zitten. Pas wanneer al het groen is vervangen, kan de boom zich ontspannen. Hoe dik en stabiel een stam wordt, hangt dus af van het feit of er zich geen rare dingen voordoen. Dat spelletje kan in een natuurlijk bos een paar keer in een bomenleven herhaald worden. Is het door het wegvallen van een andere boom ontstane gat doorstaan, dan hebben alle bomen hun kronen zo ver uitgebreid dat het lichtvenster in het bos zich weer sluit en dan kunnen ze weer tegen elkaar aan leunen. Zo wordt er weer meer energie in het groeien in de hoogte dan in de breedte gestoken, met de bekende gevolgen als tientallen jaren later de volgende boom zijn laatste adem uitblaast.

Laten we nog even terugkeren naar het onderwerp 'school'. Als bomen iets kunnen leren (wat je goed kunt waarnemen) dan rijst de vraag waar ze die kennis opslaan en weer kunnen oproepen. Ze hebben immers geen hersenen die als databank functioneren en alle processen sturen. Dat geldt voor alle planten, vandaar dat sommige onderzoekers sceptisch zijn en veel houtvesters het feit dat flora een leervermogen bezit graag naar het rijk der fabelen zouden verwijzen. En daar komt de Australische wetenschapper dr. Monica Gagliano opnieuw om de hoek kijken. Zij deed onderzoek naar mimosa, tropische halfstruiken. Die zijn vooral geschikt als onderzoeksobject omdat je die kennelijk een beetje kunt plagen en ze gemakkelijker in het laboratorium kunt onderzoeken dan bomen. Als je ze aanraakt sluiten hun geveerde bladeren zich beschermend. In een proefopstelling lieten ze regelmatig een waterdruppel op het loof van de planten vallen. In het begin sloten de bladeren zich meteen angstig, maar na een tijdje hadden de struiken geleerd dat er van het vocht geen beschadigingsgevaar uitging. Voortaan bleven de bladeren open, ook al kwam er een waterdruppel. Nog verrassender vond Gagliano het feit dat de mimosa's hun lesje zelfs na weken zonder tests hadden onthouden en konden toepassen.[12] Jammer dat je niet hele beuken of eiken naar het laboratorium kunt transporteren om meer over hun leervermogen te weten te komen. In elk geval met betrekking tot water is er ook een onderzoek op open terrein dat naast een gedragsverandering nog iets anders aan het licht bracht: als bomen erge dorst hebben, beginnen ze te schreeuwen. Daar zul je echter niets van horen als je door het bos loopt, want dat speelt zich allemaal af op het niveau van ultrasone golven. Onderzoekers van het Zwitserse Onderzoeksinstituut voor Bos, Sneeuw en Landschap nemen de tonen op en leggen ze als volgt uit: als de waterstroom van de wortels naar de bladeren in de stam wordt onderbroken, ontstaan er trillingen. Dat is een zuiver mechanisch proces en heeft verder waarschijnlijk geen betekenis.[13] Of toch wel? We weten immers alleen hoe de tonen ontstaan en als we onze eigen geluidsproductie onder de loep nemen, blijft er ook niets bijzonders over: de luchtstroom uit de luchtpijp brengt de stembanden in trilling. En als ik aan de onderzoeksresultaten over de knakkende wortels denk, zou het heel goed kunnen dat die trillingen veel meer zijn, namelijk schreeuwen van dorst. Misschien zijn het zelfs dringende waarschuwingen aan hun vrienden dat het water opraakt.

Samen staan we sterker

Bomen zijn heel sociaal ingesteld en helpen elkaar over en weer. Maar dat is voor een succesvol bestaan in het ecosysteembos niet voldoende. Elke boomsoort probeert meer ruimte te veroveren, zijn prestaties te optimaliseren en daardoor andere soorten te verdringen. Naast de strijd om het licht is het de strijd om het water waarmee de race uiteindelijk wordt beslecht. Boomwortels zijn heel goed in het ontsluiten van vochtige grond. Hun wortels vormen fijne haartjes om hun oppervlak te vergroten en zo veel mogelijk vocht op te zuigen. Onder normale omstandigheden is dat ook voldoende, maar meer is altijd beter. Daarom zijn bomen miljoenen jaren geleden al een bondgenootschap met schimmels aangegaan. Schimmels zijn merkwaardige wezens. Op hen is de globale indeling van de levende wezens in dieren en planten niet van toepassing. Planten produceren per definitie hun voeding zelf, uit levenloos materiaal, en zijn dus volkomen onafhankelijk. Geen wonder dat er op schrale, naakte aarde eerst groene vegetatie moet verschijnen voordat de dieren kunnen volgen. Die moeten namelijk andere levende wezens opeten om te kunnen overleven. Tussen twee haakjes: gras of jonge boompjes vinden het niet prettig om door koeien of reeën aangevreten te worden. Of een wolf nu een wild zwijn verscheurt of een hert een eikenzaailing kaalvreet, in beide gevallen leidt dat tot pijn en de dood. Schimmels of zwammen zitten daar ergens tussenin. Hun celwanden zijn opgebouwd uit chitine, en lijken daardoor qua substantie eerder op insecten; bij planten zul je die substantie nooit aantreffen. Bovendien kunnen schimmels geen fotosynthese bedrijven, maar zijn voor hun voeding aangewezen op organische verbindingen van andere levende wezens. In de loop van tientallen jaren dijt het onderaardse vlechtwerk van watten, het mycelium, telkens verder uit. Een honingzwam in Zwitserland bereikte een grootte van ongeveer een halve vierkante kilometer en een leeftijd van 1.000 jaar.[14] Een andere, in de Amerikaanse staat Oregon, wordt geschat op 2.400 jaar en strekt zich uit over een gebied van negen vierkante kilometer, met een gewicht van 600.000 kilo.[15] Schimmels of zwammen zijn dus de grootste bekende levende wezens van de aarde; maar de hiervoor genoemde reuzen zijn vijanden van bomen omdat ze die op hun strooptocht naar eetbaar weefsel doden. Laten we daarom liever naar vreedzame koppels van zwammen en bomen kijken. Met behulp van het mycelium van een passende soort voor de betreffende boom, bijvoorbeeld de kaneelkleurige melkzwam en de eik, kan die zijn werkzame worteloppervlakte sterk vergroten en dus aanzienlijk meer water en voedingsstoffen aanzuigen. In planten die samenwerken met schimmels of zwammen zijn twee keer zoveel essentiële stikstof en fosfor te vinden als in exemplaren die alleen met behulp van hun eigen wortels in de aarde zuigen. Om een partnerschap met een van de meer dan duizend soorten aan te gaan moet de boom heel open zijn. En dat bedoel ik letterlijk, want de zwamdraden groeien de zachte, fijne wortels binnen. Het is niet onderzocht of dat pijn doet, maar omdat het een gewenst effect is, vermoed ik dat het bij de boom juist positieve gevoelens oproept. Hoe het ook zij: voortaan werken beide partners samen. De schimmel dringt niet alleen door de wortels heen en omsluit die, maar weeft zich door de omringende bosgrond. Hij gaat daarbij verder dan tot waar de wortels normaal groeien en groeit ook naar andere bomen toe. Hier verbindt hij zich met hun zwampartners en hun wortels. Er ontstaat een netwerk en via dat netwerk worden nu vrolijk voedingsstoffen (zie hoofdstuk Sociale dienst) en zelfs informatie uitgewisseld, bijvoorbeeld over ophanden zijnde aanvallen van insecten. Zwammen zijn dus een soort internet van het bos. Maar de aansluiting op zo'n netwerk heeft zijn prijs. Zoals we weten zijn deze wezens op de voedingsstoffen van andere soorten aangewezen, omdat ze in veel opzichten meer op dieren lijken. Zonder voedingsstoffen zouden ze simpelweg verhongeren. Dus eisen ze een betaling in de vorm van suiker en andere koolhydraten die de partnerboom moet leveren. Bovendien zijn ze niet bepaald kinderachtig in hun eisen. Voor hun diensten verlangen ze tot een derde van de totale productie![16] Logisch dat je in zo'n afhankelijke situatie niets aan het toeval wilt overlaten. En daarom beginnen de zachte draden de door hen omwikkelde wortelpunten te manipuleren. Ze beginnen ermee om af te luisteren wat de boom via zijn ondergrondse uitlopers zoal te vertellen heeft. Afhankelijk van het feit of dat voor hen van nut is, beginnen de zwammen vervolgens plantenhormonen te produceren die de celgroei ten behoeve van henzelf reguleren.[17] Voor de rijke beloning met suiker leveren ze als bonus nog een paar extra diensten, zoals een filterfunctie tegen zware metalen. Die zouden de wortels echt geen goed doen, maar de zwammen zelf zitten er niet erg mee. De uitgescheiden schadelijke stoffen komen vervolgens elke herfst tevoorschijn in de mooie vruchtvormen die wij als eekhoorntjesbrood of kastanjeboleet mee naar huis nemen. Geen wonder dus dat het radioactieve cesium, dat zich van de kernramp in Tsjernobyl in 1986 nog in de aarde bevindt, vooral in paddenstoelen te vinden is.

De zwammen bieden ook gezondheidsdiensten aan. Of het nu om aanvallen van bacteriën of van destructieve zwamcollega's gaat, alle indringers worden door de zachte draden afgeweerd. Zwammen kunnen samen met hun bomen een leeftijd van vele honderden jaren bereiken, zolang het goed met hen gaat. Veranderen de milieuomstandigheden echter, bijvoorbeeld door schadelijke stoffen in de lucht, dan blazen ze hun laatste adem uit. Maar hun partners treuren niet lang, die gokken gewoon op een andere soort die zich nu onder hun voeten nestelt. Elke boom heeft verscheidene keuzes als het om zwammen gaat, en pas als de laatste het loodje legt, gaat het echt slechter met hem. Zwammen zijn wat dat betreft nog gevoeliger. Veel soorten zoeken zelf een geschikte boom uit, en hebben ze die voor zichzelf gereserveerd, dan zijn ze daarmee in voor- en tegenspoed verbonden. 'Gastheerspecifiek' noem je de eigenschap van zulke soorten, die bijvoorbeeld alleen van berken of lariksen houden. Andere, zoals de cantharel, redden zich met allerlei bomen: of het nu eiken, beuken of sparren zijn, het belangrijkste is dat er onderaards nog een plekje vrij is. En de concurrentie is groot: alleen in eikenbossen zijn er al meer dan honderd verschillende soorten die voor een deel op de wortels van dezelfde boom voorkomen. Voor de eiken is dat omgekeerd heel praktisch, want als er een zwam uitvalt omdat de milieuomstandigheden veranderen, staat de volgende kandidaat al voor de deur. Maar helemaal zonder bescherming leven zwammen nu ook weer niet, zoals onderzoekers ontdekten. Niet alleen de weefsels van de bomen van één soort, maar die van verschillende soorten blijken met elkaar verbonden te zijn. Een beuk werd door wetenschappers ingeënt met radioactieve koolstof, die via de grond en de zwamdraden naar een naburige douglasspar ging. Hoewel veel boomsoorten bovengronds een strijd op leven en dood met elkaar voeren en elkaar zelfs in het wortelgebied proberen te verdringen, lijken zwammen in voor compromissen. Of ze echt vreemde gastheerbomen willen ondersteunen of alleen medezwammen die hulp nodig hebben (en die vervolgens doorgeven aan hun boom) is nog onduidelijk. Ik heb het vermoeden dat zwammen een klein beetje verder 'denken' dan hun grote partners. Bij de bomen vecht elke soort tegen de andere. Maar stel dat onze inheemse beuken in de meeste bossen de definitieve overwinning zouden behalen – zou dat dan echt een voordeel zijn? Wat zou er gebeuren als een nieuwe ziekteverwekker de meeste bomen zou aantasten en wegrukken? Zou een bepaalde hoeveelheid van andere soorten dan niet gunstiger zijn? Eiken, esdoorns, essen en dennen zouden dan verder groeien en voor de noodzakelijke schaduw zorgen waarin de nieuwe generatie jonge beukjes zou kunnen ontkiemen en opgroeien. Een grote verscheidenheid beschermt oerbossen en omdat ook zwammen erg op constante omstandigheden zijn aangewezen, compenseren ze ondergronds de al te succesvolle veroveringen van een boomsoort door andere bomen voor de volledige ondergang te behoeden en te ondersteunen.

Komen ondanks alle hulp zwam en boom toch in het nauw, dan kan de zwam rigoureus te werk gaan, zoals de weymouthden met zijn partner *laccaria bicolor*, de tweekleurige fopzwam, laat zien. De laatste scheidt bij stikstofgebrek een dodelijk gif af in de bodem, waardoor kleine beestjes als springstaartjes sterven en het in hun lichaam gebonden stikstof vrijgeven. Die worden zo noodgedwongen tot mest voor de bomen en de zwam.[18]

Ik heb je nu weliswaar al voorgesteld aan de belangrijkste helpers van de bomen, maar er zijn er nog een hele rist meer. Zoals de spechten. Echte helpers zou ik ze weliswaar niet willen noemen, maar ze zijn in elk geval voor een deel nuttig voor de bomen. Als bastkevers bijvoorbeeld sparren aanvallen, ontstaat er altijd een hachelijke situatie. De kleine insecten vermenigvuldigen zich zo snel dat ze binnen korte tijd een boom kunnen doden door het cambium, de laag onder de bast die van levensbelang is, op te eten. Krijgt een bonte specht daar lucht van, dan is hij snel ter plaatse. Hij klimt als een buffelpikker op de rug van een neushoorn de stam op en neer, op zoek naar de etende vette witte larven. Die hakt hij er vervolgens (met weinig inleving in de boom) uit, waarbij er grote lappen boomschors afvliegen. Soms kan hij daardoor verdere schade voor de spar verhinderen. En zelfs als de boom deze ingreep niet overleeft, worden in elk geval zijn soortgenoten beschermd, omdat er geen vliegvaardige kevers meer kunnen uitkomen. Het welzijn van de boom interesseert de specht echter geen fluit, wat je vooral goed kunt zien aan zijn broedholtes. Die maakt hij vaak in gezonde exemplaren, die hij voor dat doel openhakt en zwaar verwondt. De specht bevrijdt weliswaar veel bomen van ongedierte, zoals de eik van de larven van de prachtkever, maar dat is meer een kwestie van toeval. Prachtkevers kunnen in droge jaren gevaarlijk worden voor dorstlijdende bomen, omdat die dan nauwelijks in staat zijn om zich tegen de aanvallers te beschermen. De zwartkopvuurkever, die als volwassen dier heel eenvoudig van de uitwerpselen van bladluizen en van plantensappen leeft, kan voor redding zorgen. Zijn jongen hebben echter vlees nodig en dat verschaft hij hun in de vorm van keverlarven die onder de bast van loofbomen leven. Veel eiken hebben hun overleven te danken aan de vuurkever, die soms zelf ook in het nauw komt: want zodra alle vreemde keverkinderen op zijn, vallen de larven namelijk hun soortgenoten aan.

Raadselachtig watertransport

Hoe komt het water uit de bodem omhoog naar de bladeren? Voor mij staat die vraag symbool voor de huidige stand van de kennis over het bos. Want bij watertransport gaat het om een verschijnsel dat betrekkelijk eenvoudig te onderzoeken valt, gemakkelijker in elk geval dan een onderzoek naar het feit of bomen pijn kunnen voelen of naar communicatie. En omdat het zo triviaal lijkt, worden er al decennia vanuit het wetenschappelijk onderzoek behoorlijk simpele verklaringen voor gegeven. Ik geniet er altijd van om daar met studenten over te discussiëren. De gangbare antwoorden zijn: door capillaire werking en transpiratie. Dat eerste kun je elke ochtend tijdens het ontbijt waarnemen. De capillaire werking zorgt ervoor dat de koffie aan de rand van het kopje een paar millimeter omhooggaat – zonder dat verschijnsel zou de vloeistofspiegel volledig horizontaal moeten zijn. Hoe smaller de buis, hoe hoger een vloeistof daarin tegen de zwaartekracht in omhoog kan komen. En de waterleidingen van loofbomen zijn inderdaad heel smal: amper 0,5 millimeter. Naaldbomen doen het met nog minder en komen op 0,2 millimeter. Toch is dat bij lange na geen verklaring voor het feit hoe water in de kronen van bomen terechtkomt die soms meer dan 100 meter hoog zijn, want zelfs in de dunste buisjes is de kracht maar net voldoende voor hoogstens een meter.[19] Maar we hebben immers nog een mogelijkheid: transpiratie. Bladeren en naalden verdampen in het zomerhalfjaar door te ademen veel water; bij een volgroeide beuk kunnen dat per dag honderden liters zijn.

Daardoor wordt een zuigkracht opgewekt die bevoorrading door de leidingen naar boven trekt. Dat lukt alleen als de waterzuil niet wordt onderbroken. De moleculen blijven door cohesie (verbindingskrachten) aan elkaar kleven en trekken zich dusdanig aaneengeregen een stukje hoger, zodra er door verdamping in het blad een plekje vrijkomt. En omdat dat nog steeds niet voldoende is, gaat osmose een rol spelen. Als de suikerconcentratie in een cel hoger is dan in de cel ernaast, vloeit er water door de wanden naar de zoetere oplossing, tot er in beide procentueel dezelfde hoeveelheid zit. En als dat van cel naar cel tot in de kroon zo verdergaat, komt het water uiteindelijk boven. Mmm. De hoogste druk wordt in bomen in het voorjaar gemeten: kort voor het ontbotten. Dan schiet het water zo krachtig de stam in dat je het met een stethoscoop kunt horen. In het noordoosten van de Verenigde Staten profiteren ze daarvan bij het winnen van de siroop van de suikerahorn, die vaak al wordt aangetapt als de sneeuw net begint te smelten. Dan kan het zo begeerde sap geoogst worden. Op dat moment hebben loofbomen nog geen blaadjes, waardoor er niets kan verdampen. Transpiratie als drijvende kracht komt dus niet in aanmerking. Ook de capillaire werking kan maar tot op zekere hoogte meewerken, want het genoemde effect van één meter hoogte is bijna verwaarloosbaar. De stam wordt op dit moment echter flink opgepompt. Dan zou osmose nog overblijven, maar dat lijkt mij even onwaarschijnlijk. Tenslotte werkt die alleen in de wortels en de bladeren, en niet in de stam, die niet uit een aaneenschakeling van cellen, maar uit lange, doorgaande leidingen bestaat. En nu? Men weet het niet, maar het meest recente onderzoek heeft iets ontdekt wat in elk geval vraagtekens zet bij de werking van transpiratie en cohesiekrachten. Wetenschappers van de Universiteit van Bern, het Zwitserse Onderzoeksinstituut voor Bos, Sneeuw en Landschap en de Polytechnische Hogeschool Zürich hebben hun oor namelijk wat beter te luisteren gelegd, en wel letterlijk. Vooral 's nachts registreerden ze een zacht geruis in de bomen. Op dat moment bevat de stam het meeste water omdat de kroon dan is gestopt met fotosynthese en er nauwelijks verdamping plaatsvindt. Daardoor pompen de bomen zich flink op, wat zelfs een toename van de diameter veroorzaakt. Het water staat in de innerlijke leidingen bijna stil, er stroomt dus niets. Waar komen die geluiden dan vandaan? De onderzoekers vermoeden dat het piepkleine CO_2-belletjes zijn, die in de kleine met water gevulde buisjes gevormd worden.[20] Belletjes in de leidingen? Dat betekent dat de samenhangende waterbaan ontelbare malen wordt onderbroken, waardoor transpiratie, cohesie en capillaire werking eigenlijk nauwelijks iets aan het transport kunnen bijdragen. Heel veel vragen zijn nog onbeantwoord. Misschien zijn we nu een mogelijke verklaring armer geworden, maar we zijn een geheim rijker! En is dat niet net zo mooi?

Bomen zijn trots op hun leeftijd

Voor ik iets over leeftijd ga zeggen, wil ik een ommetje naar het onderwerp ‘huid’ maken. Bomen en huid? Laten we het verschijnsel eerst vanuit de mens benaderen. De huid is een barrière die ons binnenste beschermt tegen de buitenwereld, vloeistoffen tegenhoudt, voorkomt dat onze ingewanden eruit vallen en daarnaast gas en vocht afgeeft en opneemt. Bovendien blokkeert hij ziekteverwekkers, die zich maar al te graag in onze bloedbaan zouden willen vermeerderen. Daarnaast reageert hij gevoelig op aanrakingen die ofwel prettig zijn en het verlangen naar meer opwekken, ofwel pijn en daarmee een afweerreactie oproepen. Helaas blijft het niet simpelweg daarbij, en in de loop van de tijd wordt dit gecompliceerde weefsel langzamerhand wat slapper. Er vormen zich vouwen en rimpels, zodat onze soortgenoten daaraan op een paar jaar na exact onze leeftijd kunnen aflezen.

En als je er beter naar kijkt word je ook niet blij van het noodzakelijke vernieuwingsproces: allemaal verliezen we per dag ongeveer 1,5 gram aan huidschilfers, wat bij elkaar per jaar meer dan een halve kilo is. In indrukwekkende aantallen: per dag dwarrelen er 10 miljard deeltjes van ons af.[21] Dat klinkt niet erg appetijtelijk, maar is essentieel om ons oppervlakteorgaan permanent in goede conditie te houden. In onze jeugd is dat bovendien nodig om te groeien, anders zouden we op een gegeven moment uit ons huidpak knappen.

En hoe zit dat bij bomen? Daar is het niet anders. Het essentiële verschil is een kwestie van muggenziften over woorden: de huid van beuken, eiken, sparren en aanverwanten heet bast. Die vervult exact dezelfde functie en beschermt de gevoelige innerlijke organen tegen de agressieve buitenwereld. Zonder bast zou een boom uitdrogen. Die zou daardoor niet alleen vocht verliezen, maar schimmels, die in gezond nat hout kansloos zijn, zouden dan alles kunnen aanvreten. Ook insecten hebben een verlaagde vochtigheid nodig en hebben bij een intacte bast geen schijn van kans. Een boom bevat in zijn binnenste bijna evenveel vocht als wij mensen en is daardoor niet interessant, omdat je daar als parasiet simpelweg in stikt. Een gat in de bast is voor de boom dus minstens even vervelend als een huidverwonding voor ons. En daarom past hij soortgelijke mechanismen toe om iets dergelijks te verhinderen. Per jaar neemt een in het volle sap staand exemplaar tussen de anderhalve en drie centimeter in omvang toe. Nu zou de bast eigenlijk moeten scheuren. Eigenlijk wel, ja. Want om dat te voorkomen, vernieuwen ook woudreuzen hun huid continu, door enorme hoeveelheden schubben te verliezen. Passend bij hun postuur zijn die schubben behoorlijk wat groter, tot zo'n 20 centimeter groot. Let bij winderig regenweer maar eens op de grond onder de stammen. Daar liggen die afgeworpen stukken schors, die je vooral bij dennen met hun rode bast goed kunt onderscheiden.

Maar niet elke boom schilfert op dezelfde manier af. Er zijn soorten die zich continu van hun vel ontdoen (menselijke tegenhangers zou je bij dergelijke hoeveelheden een antiroosshampoo aanraden), en andere die heel ingetogen vervellen. Hoe een boom het doet, kun je aan de schors zien.

Dat is de buitenste laag van de bast, die al afgestorven is en een ongevoelig pantser naar buiten vormt. Aan de schors kun je boomsoorten goed van elkaar onderscheiden. Dit geldt echter alleen bij oudere exemplaren, want juist de vorm van de scheuren, je zou ook kunnen zeggen: de rimpels of vouwen, is kenmerkend. Bij jonge bomen van elke soort is de schors zo glad als een babyhuidje. Worden ze ouder, dan komen er (beginnend van onderaf) steeds meer vouwen, die in de loop van de jaren dieper worden. Hoe snel dat proces verloopt, hangt van de betreffende soort af. Bij dennen, eiken, berken of douglassparren begint dat al vroeg, terwijl beuken en zilversparren heel lang glad blijven. De reden is de snelheid waarmee de schubben afvallen. Bij beuken, waarbij de zilvergrijze schors tot op tweehonderdjarige leeftijd glad blijft, is het vernieuwingspercentage heel hoog. Daardoor blijft hun huid dun en past die exact bij de leeftijd respectievelijk de diameter van dat ogenblik en hoeft die niet te scheuren als hij uitrekt. Op eenzelfde manier gaat het bij de zilverspar. Dennen en aanverwanten zijn echter wat slomer met hun oppervlaktevernieuwing. Op de een of andere manier willen ze geen afscheid nemen van hun ballast, en misschien is het ook een extra bescherming, waardoor ze een dikker pantser hebben. Hoe het ook zij, ze vervellen zo langzaam dat zich een veel dikkere schors vormt, waarvan de bovenste lagen voor een deel tientallen jaren oud zijn. Die stammen dus uit de tijd dat de bomen nog jong en slank waren. Op hogere leeftijd, als de diameter toeneemt, scheuren die buitenlagen open tot in de diepte, die van jongere datum is en dus net als bij de beuken bij de omvang van dat moment past. Hoe dieper dus de rimpels, hoe slomer de soort. Het verschijnsel neemt duidelijk nog toe naarmate ze ouder worden. Ook beuken treft dat lot, halverwege hun leven krijgt ook hun schors van onderaf rimpels. En alsof ze daarmee te koop willen lopen, gaan de mossen nu aan de slag om zich in die scheuren te vestigen. Daar wordt de vochtigheid van de laatste regenval langer vastgehouden en doordrenkt de kussentjes. Al van verre kun je daarom de leeftijd van beukenbossen schatten: hoe hoger de groene begroeiing op de stam zich naar boven uitstrekt, hoe ouder de bomen zijn. Bomen zijn individuen en rimpelvorming is een kwestie van aanleg. Sommige exemplaren zijn als ze jong zijn al rimpeliger dan soortgenoten van dezelfde leeftijd. Ik heb een paar beuken in mijn district die op honderdjarige leeftijd van top tot teen bedekt zijn met ruwe schors. Normaal gesproken is dat pas 150 jaar later zo. Of dat alleen genetisch bepaald is of dat ook een buitensporige levenswandel een rol speelt, daar is nog geen onderzoek naar gedaan. In elk geval een paar factoren lijken weer op die van ons mensen. De dennen in onze tuin hebben erg diepe groeven. Dat kan niet alleen de leeftijd zijn – ze zijn naar schatting honderd jaar oud, dus net de kinderschoenen ontwassen. Ze hebben sinds 1934 een heel zonnige standplaats, want in dat jaar werd onze houtvesterswoning gebouwd. Daarvoor werd het bos op een deel van het perceel gekapt en sindsdien hebben de achtergebleven dennen meer licht. Meer licht, meer zon en meer uv-straling. Dat laatste leidt bij mensen tot huidveroudering en kennelijk ook bij bomen. Opvallend is bovendien dat de schors aan de zonkant harder is, waardoor hij minder flexibel wordt en sneller scheurt.

De hiervoor genoemde veranderingen zou je ook kunnen toeschrijven aan 'huidziekten'. Net als acne in de puberteit vaak tot levenslange littekens leidt, kan bij bomen aantasting door bastluizen tot een ruwer oppervlak leiden. Dan ontstaan er geen rimpels maar talloze putjes en pukkels, die hun hele leven niet meer verdwijnen. Bij zieke exemplaren ontstaan daaruit ook zwerende, vochtige wonden, waar bacteriën in gaan zitten die zwart verkleuren. De huid is nu eenmaal niet alleen bij ons de spiegel van de ziel (of van het gevoel van welbevinden).

Oude bomen kunnen voor het ecosysteem van het bos nog een heel bijzondere functie vervullen. In Midden-Europa zijn er geen oeroude bossen meer, de leeftijd van de oudste uitgestrekte boombestanden ligt tussen de 200 en 300 jaar. Tot die reservaten weer in oerbossen zijn veranderd moeten we om de rol van echt oude bomen te begrijpen een blik op de westkust van Canada werpen. Daar onderzocht dr. Zoë Lindo van de McGill-universiteit in Montreal sitkasparren die minimaal 500 jaar oud zijn. Pas op zulke bejaarde exemplaren trof de onderzoekster grote hoeveelheden mos op takken en in gevorkte takken aan. In de groene kussentjes hadden zich blauwalgen genesteld, die stikstof uit de lucht opvingen en zodanig veranderden dat de bomen die konden opnemen. Met de regen werd deze natuurlijke meststof naar beneden gespoeld en kregen de wortels die tot hun beschikking. Oude bomen bemesten dus het bos en helpen daarmee hun nageslacht om sneller te kunnen starten. Dat kan namelijk nog geen mos dragen, omdat het heel langzaam groeit en zich daar pas tientallen jaren later vestigt.[22]

Naast de huid en de begroeiing met mos zijn er nog andere lichamelijke veranderingen waaruit de leeftijd van bomen blijkt. Zoals de kroon, en zelfs hier zijn er parallellen met mijzelf. Mijn haar wordt helemaal bovenop wat dun, het groeit niet meer zoals toen ik jong was. Dat is bij de hoogste kroontakken niet anders. Vanaf een gegeven moment, afhankelijk van de soort na 100 tot 300 jaar, worden de jaarlijkse nieuwe scheuten steeds korter. De aaneenrijging van zulke korte scheuten leidt bij loofbomen tot klauwachtige gebogen takken, die lijken op een reumatische hand. Bij naaldbomen eindigt de kaarsrechte stam in een hoofdscheut, die langzaam terugloopt tot nul. Terwijl sparren in deze toestand blijven, groeien zilversparren daarboven in de breedte, zodat het lijkt alsof een grote vogel bovenin een nest heeft gebouwd. Heel toepasselijk noemt men dat verschijnsel in vakkringen ook 'ooievaarsnestkroon'. De den begint er al vroeger mee, wat tot gevolg heeft dat de hele kroon op de oude dag breed is en geen herkenbare top meer heeft. In elk geval beperkt elke boom langzamerhand zijn hoogtegroei. Verder naar boven kunnen zijn wortels en zijn aderstelsel water en voedingsstoffen niet pompen, omdat die inspanning te veel van de boom zou vergen. In plaats daarvan wordt hij dikker (nog een parallel met veel mensen op hogere leeftijd...). Maar die stilstand weet hij niet lang te bewaren omdat zijn krachten in de loop der jaren heel langzaam verder afnemen. Dan kan hij de verzorging van de bovenste takken niet langer bolwerken, zodat die doodgaan. En net als oudere mensen in de loop van de tijd krimpen, doet een boom dat ook. De eerstvolgende storm veegt de dode takken uit de kroon en na die snoeibeurt ziet hij er korte tijd weer wat frisser uit. Dat proces herhaalt zich elk jaar, en de kroon krimpt daarbij op het oog bijna onzichtbaar. Zijn alle bovenste takken verloren gegaan, dan blijven de dikkere takken over. Ook die gaan dood, maar ze vallen niet zo gemakkelijk naar beneden. Nu kan de boom zijn hoge leeftijd, en het feit dat hij wegkwijnt, niet langer verbergen.

Uiterlijk is dat het moment waarop de bast weer een rol gaat spelen. De kleine, vochtige wonden zijn poorten geworden waardoor schimmels naar binnen kunnen. Die verkondigen hun zegetocht door prachtige vruchtlichamen – het lijken wel halve schoteltjes – die aan de stam kleven en elk jaar groter worden. Binnen in de boom breken ze door alle barrières heen en dringen tot diep in het kernhout. Daar eten ze afhankelijk van de soort de opgeslagen suikerverbindingen op of, nog erger: cellulose en lignine. Daarmee tasten ze het skelet van de boom aan, dat ze verpulveren, hoewel die zich desondanks nog tientallen jaren kranig tegen dat proces verzet. Rechts en links van de steeds groter wordende wond vormt zich nieuw hout: dikke, stabiliserende randen. Dat helpt nog een tijd lang om het aftakelende lichaam tegen de sterke winterstormen te beschermen. Maar op een dag is het zover: de stam breekt af en het leven van de boom is ten einde. 'Eindelijk' denk je bijna uit de mond van de wachtende bomenjeugd te horen, die de komende jaren snel langs de verbrokkelende stronk de lucht in schiet. Maar nu zijn leven is beëindigd, is zijn dienstbaarheid aan het bos nog niet voorbij. Het rottende kadaver speelt nog eeuwenlang een belangrijke rol in het ecosysteem. Maar daarover later meer.

De eik – een slappeling?

Als ik door mijn district loop, zie ik vaak eiken die lijden. En ze lijden soms ernstig. Een onfeilbare aanwijzing daarvoor is de noodgroei aan de stam: kleine plukjes die aan alle kanten ontspruiten en vaak snel weer verdorren. Je ziet daaraan dat de boom zich in een langdurige doodsstrijd bevindt en in paniek raakt. Zinvol is die poging om zo ver beneden bladeren te vormen niet. Want de eik is een lichtboomsoort en hij heeft dus veel licht nodig om fotosynthese te kunnen bedrijven. In het schemerlicht van de onderste etage leveren zijn zonnepanelen niets op, en de overbodige uitrusting wordt dan ook snel weer buiten gebruik gesteld. Een gezonde boom begint er niet eens aan om energie te steken in de vorming van dat soort takken, maar breidt zich liever boven in de kroon verder uit. Als hij met rust gelaten wordt tenminste. Maar eiken hebben het in de bossen van Midden-Europa zwaar, want dit is het vaderland van de beuk. Die is weliswaar ongelooflijk sociaal ingesteld, maar alleen tegenover soortgenoten. Vreemde bomen brengen ze flink in het nauw, zodat ze aan de kant gaan. Dat begint heel langzaam en onschuldig doordat een Vlaamse gaai een beukennootje aan de voet van een imposante eik begraaft. Omdat hij genoeg andere opslagplaatsen heeft aangelegd, blijft dat onaangeroerd en ontkiemt pas het voorjaar daarop. Heel langzaam groeit het in de loop van tientallen jaren stilletjes naar boven. Het jonge boompje mist weliswaar zijn moeder, maar de oude eik levert in elk geval schaduw en helpt daardoor het beukenjong om mooi langzaam en gezond groot te worden. Wat boven de grond een heel harmonieuze indruk wekt, ontpopt zich ondergronds als een beginnende strijd om het bestaan. De wortels van de beuk dringen in elk gaatje dat de eik niet gebruikt. Zo ondergraven ze de oude stam en stelen water en voedingsstoffen die de grote boom eigenlijk voor zichzelf had gereserveerd. Dat zorgt voor een sluipende aantasting. Na ongeveer 150 jaar is de kleine boom zo ver omhooggekomen dat hij langzaam de kroon van de eik in groeit. Erin en na nog tientallen jaren erdoorheen en er voorbij, want in tegenstelling tot zijn concurrent kan hij bijna zijn hele leven zijn kroon uitbreiden en verder groeien. Nu krijgen de beukenblaadjes direct zonlicht, zodat de boom een heleboel energie heeft om veel plaats in te nemen. Hij vormt een geweldige kroon die, passend bij de soort, 97 procent van het zonlicht vangt. De eik bevindt zich nu op de tweede etage, waar haar bladeren vergeefs naar licht snakken. De suikerproductie loopt drastisch terug, de reserves worden opgebruikt en de boom verhongert langzaam. Hij merkt dat hij zich niet meer kan handhaven tegen de sterke concurrentie, dat het hem nooit meer zal lukken om lange takken in de lucht te vormen en toch nog een keer boven de beuk uit te komen. In zijn nood, misschien zelfs opvlammende paniek, doet hij iets wat tegen alle regels indruist: hij vormt nieuwe takken en blaadjes helemaal onder aan de stam. Die zijn heel groot en zacht en kunnen met minder licht toe dan de blaadjes in de kroon. Toch is 3 procent te weinig, want een eik is nu eenmaal geen beuk. Daardoor verdort die noodgroei weer, en de waardevolle resterende energie is vruchteloos verspild. De eik kan dit stadium van langzaam verhongeren nog tientallen jaren volhouden, maar op een gegeven moment geeft hij het op. Zijn krachten begeven het, maar soms wordt hij verlost door de prachtkever. Die legt zijn eieren op de schors, en de larven die eruit komen maken korte metten met hem door de huid van de weerloze boom op te eten en een eind aan zijn leven te maken.

Maar is de eik een slappeling? Hoe komt het dat een boom die zo zwak is tot een symbool van standvastigheid en degelijkheid is uitgegroeid? Deze soort is in de meeste bossen weliswaar de mindere van de beuk, maar kan heel taai zijn als ze geen concurrentie ondervindt. Bijvoorbeeld op open terrein, ons cultuurlandschap dus; terwijl de beuk zonder de knusse sfeer van het bos niet veel ouder wordt dan 200 jaar, haalt een eik naast oude boerderijen of in weilanden gemakkelijk meer dan 500 jaar. Een diepe wond in de stam of een brede spleet waar de bliksem is ingeslagen? Daar zit een eik niet mee, want zijn hout is doortrokken van schimmelremmende stoffen, die het rottingsproces sterk vertragen. De looistoffen schrikken ook de meeste insecten af en dit afweermiddel verbetert eveneens de smaak van wijn ('barriquewijn') – als van de boom op een gegeven moment een eiken vat gemaakt is, maar dat terzijde. Zelfs zwaar beschadigde exemplaren, met afgebroken zware takken, hebben het vermogen een vervangende kroon op te bouwen en nog eeuwen te overleven. Dat zou de meeste beuken niet lukken, al helemaal niet buiten de bossen en zonder hun dierbare familieleden. Als ze door een storm worden toegetakeld, zijn hun jaren geteld en leven ze hoogstens nog een paar decennia.

Ook in mijn district getuigen eiken ervan dat ze uit zeer taai hout gesneden zijn. Op een warme helling staan talloze bomen die zich met hun wortels vastklampen aan de kale rotsbodem. Als de zomerhitte het gesteente ondraaglijk heet maakt, verdampen de laatste restjes water. In de winter dringt de strenge vorst diep naar binnen, omdat een beschermende dikke aardlaag met een flinke laag rottende bladeren ontbreekt. Die wordt door het zachtste briesje al naar beneden geblazen, zodat zich er alleen maar een paar kale korstmossen vestigen, die echter amper tegen extreme temperaturen isoleren. Het resultaat: de bomen, of liever gezegd boompjes, zijn na honderd jaar nog slechts armdik en amper vijf meter hoog. Terwijl hun soortgenoten in het knusse bos de 30 meter al zijn gepasseerd en imposante stammen vormen, weten deze asceten het bescheiden uit te houden en zijn ze tevreden met de status van struik. Maar ze overleven! Het voordeel van deze hongersituatie is dat andere soorten het hier allang moesten opgeven. Een bestaan vol ontberingen, dat daardoor vrij is van zorgen over de concurrentie van andere boomsoorten, heeft tenslotte ook zo z'n voordelen.

De eik is een hardhoutboom en dat heeft zijn sporen nagelaten in onze taal. Zoals in het spreekwoord 'Van elzenhout kan men geen eiken spaanders maken'. De betekenis daarvan is: van mensen die tot weinig in staat zijn, kan men geen grote prestaties verwachten.

Specialisten

Bomen kunnen op veel extreme plekken groeien. Kunnen? Dat moeten ze gewoon! Want als het zaadje van de boom valt, kan zijn standplaats alleen nog door verplaatsing door de wind of dieren veranderd worden. Als het dan in het voorjaar ontkiemt, is zijn lot beslist. Van nu af aan is het zaadje zijn hele leven aan dit plekje aarde gebonden en moet het het leven daar nemen zoals het komt. En de meeste bomenkinderen krijgen veel voor hun kiezen. De plek waar ze neerkomen blijkt vaak een flop; het toeval zorgt vaak voor lelijke verrassingen. Het is er ofwel te donker, bijvoorbeeld als de naar licht snakkende kers onder grote beuken ontkiemt. Ofwel het is er te licht – wat weer voor beukenkinderen geldt, waarvan het zachte loof in de felle zon van een open veld verbrandt. Door drassige bosgrond verrotten de wortels van de meeste soorten, terwijl die door droog zand juist weer omkomen van de dorst. Vooral ongelukkig zijn landingsplaatsen waar helemaal geen voedingrijke bodem is, zoals rotsen of de gevorkte takken van grote bomen. Soms is het geluk ook maar van korte duur. Bijvoorbeeld als het zaadje op de hoge stomp van een afgebroken boomstam blijft liggen. Hier ontwikkelen ze zich tot kleine boompjes, die wortel schieten in het vermolmende hout. Maar als er dan een keer een extreem droge zomer is, wanneer het laatste vocht ook uit het dode hout is verdampt, verdorren de vermeende winnaars. En dat terwijl vele van hen dachten de ideale woonplek gevonden te hebben. Want voor de meeste Europese boomsoorten gelden dezelfde welzijnscriteria. Ze houden van een voedselrijke bodem, die kruimelig-los en tot op een paar meter diepte goed belucht is. De aarde moet lekker vochtig zijn, vooral in de zomer. Die mag echter niet te warm worden en 's winters moet het niet te hard vriezen. Er valt een matige hoeveelheid sneeuw en wel zodanig dat die als hij smelt de bodem lekker doordrenkt. Herfststormen worden door een ervoor gelegen bergrug afgezwakt en het bos is arm aan zwammen en insecten die bast en hout aanvallen. Als bomen van een luilekkerland zouden kunnen dromen, dan zou het er zo uitzien. Maar op een paar plekjes op aarde na, vind je die ideale randvoorwaarden bijna nergens. En dat is goed voor de soortenrijkdom. Want de race in het luilekkerland van Midden-Europa zou tegenwoordig bijna uitsluitend door de beuk gewonnen worden. Die kan de overvloed prima gebruiken en verdringt alle concurrenten door simpelweg door hun kronen heen te groeien en vervolgens zijn toptakken boven die van de verliezer te plaatsen. Wie een dergelijke forse concurrentie wil overleven, moet iets beters verzinnen. Afwijkingen van het luilekkerland voor bomen betekenen problemen. Wie zijn ecologische niche naast de beuk wil vinden, moet op een willekeurig gebied asceet worden. Ecologische niche? Omdat de meeste biotopen op aarde niet de ideale omstandigheden bieden, gaat het eerder omgekeerd: lastige standplaatsen zijn er in overvloed en wie daar tegen kan, kan een enorm verspreidingsgebied veroveren. Zoiets heeft de spar gedaan. Die kan overal voet aan de grond krijgen waar de zomers kort en de winters ijskoud zijn – in het Hoge Noorden of in onze gebergten vlak onder de boomgrens. Omdat de vegetatieperiode in Siberië, Canada of Scandinavië vaak slechts een paar weken bedraagt, zou de beuk daar nog niet eens klaar zijn met blad zetten of het seizoen was alweer voorbij. Bovendien zijn de winters er zo ijskoud dat hij tegen het einde zou bevriezen. Hier scoort de spar punten. Die slaat in zijn naalden en in de bast etherische oliën op, die werken als een antivriesmiddel. Daardoor hoeft hij zijn groene pracht niet af te werpen, maar kan die in het koude jaargetijde gewoon aan zijn takken laten hangen. Zodra het in de lente warm wordt, kan hij met de fotosynthese beginnen. Er gaat zo geen dag verloren en al kan er maar in een paar weken suiker of hout gevormd worden, op die manier is de boom toch in staat elk jaar een paar centimeter te groeien. Als de naalden aan de takken blijven zitten, levert dat echter een groot risico op. Er blijft sneeuw op liggen, wat bij elkaar een enorm gewicht is, waardoor de boom kan breken. Om dat te voorkomen beschikt de spar over twee strategieën. In de eerste plaats vormt hij in de regel een kaarsrechte stam. Iets wat keurig loodrecht staat kun je niet zo snel uit balans brengen. In de tweede plaats staan de takken in de zomer horizontaal. Zodra er sneeuw op komt te liggen, zakken ze langzaam naar beneden, tot ze als dakpannen op elkaar liggen. Op die manier ondersteunen ze elkaar en van bovenaf gezien wordt de vorm duidelijk slanker. Daardoor valt de meeste sneeuw naast de boom. In de sneeuwrijke omgevingen van hooggelegen gebieden of het Hoge Noorden vormt de spar bovendien een heel smalle, lange kroon met korte takken die dat effect nog eens versterken.

De naalden veroorzaken echter nog een ander gevaar. Doordat ze aan de boom blijven zitten, kan de wind er meer grip op krijgen; en tijdens winterstormen vallen sparren dan ook gemakkelijk om. Hun enige bescherming daartegen is het feit dat ze extreem langzaam groeien. Eeuwenoude sparren zijn vaak niet hoger dan een meter of tien, en het statistische gevaar neemt pas significant toe vanaf 25 meter.

Van nature waren er in onze streken overwegend beukenbossen en die laten nauwelijks licht door op de grond. Daar heeft de eik zich op ingesteld. Die is het toonbeeld van matigheid en geduld. Omdat hij weet dat hij nooit aan de beuk zal kunnen tippen, heeft hij zich gespecialiseerd op de onderste etages van het bos. Hier groeit hij met behulp van het 3 procent restlicht die de beuken door hun bladeren laten dringen. Vaak gaat er een hele eeuw voorbij voordat hij onder die omstandigheden een paar meter de lucht in komt en geslachtsrijp wordt. In die tijd kan er veel gebeuren: hij kan door plantenvreters worden aangevreten, waardoor hij tientallen jaren achteropraakt of nog erger: een stervende beuk haalt hem helemaal omver. Maar de taaie eik neemt zijn voorzorgsmaatregelen. Vanaf het begin steekt hij aanzienlijk meer energie in de uitbreiding van zijn wortelstelsel dan andere soorten. Daar slaat hij voedingsstoffen op en mocht hij bovengronds ooit door tegenslag worden getroffen, dan loopt hij vol enthousiasme opnieuw uit. Vaak komt het daarbij tot de vorming van meerdere stammen, die later, op hoge leeftijd kunnen vergroeien. Daardoor krijgt de boom een rimpelig uiterlijk. En oud dat hij kan worden! Met meer dan duizend jaar overleeft hij de meeste grotere concurrenten, zodat hij in de loop van de eeuwen herhaaldelijk in de zon staat als een oude boom boven hem de laatste adem uitblaast. Toch worden eiken niet hoger dan 20 meter – ze zijn nu eenmaal bescheiden en streven niet naar het hogere.

De haagbeuk (die, anders dan zijn naam doet vermoeden, verwant is aan de berk) probeert de eik te imiteren, maar is niet zo bescheiden en heeft wat meer licht nodig. Hij weet het onder de beuken weliswaar te redden, maar groeit daar nooit uit tot een grote boom. Meer dan 20 meter wordt hij bovendien zelden, en zulke hoogtes bereikt hij alleen onder een lichtboomsoort als de eik. Hier kan hij zich vrij ontplooien en omdat hij de grotere eik niet in het vaarwater komt, is er genoeg plek voor beide soorten. Maar vaak komt de beuk er ook nog bij, die beide boomsoorten de loef afsteekt en in elk geval boven de eik uit groeit. De haagbeuk heeft alleen als voordeel dat hij naast veel schaduw ook goed grote droogte en warmte weet te verdragen – dan moeten beuken op een gegeven moment de handdoek in de ring gooien, zodat haagbeuken in elk geval op drogere zuidhellingen toch nog een kans hebben.

Drassige gronden, stilstaand zuurstofarm water – dat zijn plekken waar de wortels van de meeste boomsoorten niet tegen kunnen en doodgaan. Een dergelijke situatie vind je bij waterbronnen of langs beekjes, waarvan het overstromingsgebied telkens weer onder water staat. Als daar ooit een verdwaald beukennootje ontkiemt, kan daar in eerste instantie een imposante boom uit groeien. Maar op een gegeven moment kiept de beuk tijdens een zomerstorm om doordat zijn weggerotte wortels geen houvast meer vinden. Soortgelijke problemen ondervinden sparren, dennen, haagbeuken en berken als hun voeten af en toe, of zelfs continu, in stilstaand, rottend water staan. Dat werkt bij elzen juist weer heel anders. Die worden met een totale hoogte van 30 meter weliswaar niet zo groot als hun concurrenten, maar ze kunnen op de impopulaire drassige grond prima groeien. Hun geheim zijn de beluchtingskanaaltjes in de wortels. Zo wordt zuurstof zelfs naar de kleinste wortelpuntjes getransporteerd, vergelijkbaar met duikers die via een slang met de oppervlakte verbonden zijn. In het onderste deel van de stam beschikken de bomen bovendien over kurkcellen die luchttoetreding mogelijk maken. Pas als het waterniveau gedurende langere tijd hoger komt dan die ademopeningen, kan de els zo verzwakt raken dat zijn wortels het slachtoffer van agressieve schimmels worden.

Boom of niet?

Wat is eigenlijk een boom? Het woordenboek definieert een boom als 'een houtachtig gewas met een stam waaruit takken groeien'. De hoofdloot moet dus dominant zijn en gestaag doorgroeien naar boven, anders wordt het een struik genoemd, waaraan vele stammen of liever takken uit één gemeenschappelijke wortelstok ontspruiten. Maar hoe staat het met de grootte? Ik persoonlijk heb er altijd problemen mee als ik hoor over 'bossen' in het Middellandse Zeegebied, terwijl die op mij overkomen als een verzameling struikgewassen. Bomen, dat zijn toch majestueuze wezens met kronen waaronder wij mensen wel mieren in het gras lijken? Tijdens mijn reizen naar Lapland stuitte ik echter op heel andere representanten waardoor de mens eerder Gulliver in Lilliput lijkt. Dat zijn de dwergbomen van de toendra, die sommige wandelaars achteloos vertrappen. Soms worden ze in honderd jaar niet veel hoger dan 20 centimeter. Als boom worden ze wetenschappelijk niet erkend, evenmin als de struikberk – zoals de naam al doet vermoeden. En toch kan die struikberk nog stammetjes tot drie meter hoogte vormen, maar meestal blijft hij onder ooghoogte en daarom wordt hij kennelijk niet serieus genomen. Als je nu met gelijke maten zou meten dan zouden kleine beukjes of lijsterbessen ook niet tot de bomen gerekend mogen worden. Die worden bovendien vaak door grote zoogdieren als reeën en herten zo kaalgevreten dat ze struikvormig met vele loten tientallen jaren op een hoogte van 50 centimeter blijven steken.

En als een boom wordt afgezaagd? Is hij dan dood? Hoe staat het met de eerdergenoemde eeuwenoude stronk die door zijn vrienden tot op heden in leven wordt gehouden? Is dat een boom, en zo nee: wat is het dan? Nog gecompliceerder wordt het als er uit deze stronk een nieuwe stam ontspruit. Dat komt in veel bossen zelfs regelmatig voor, want juist loofbomen werden eeuwen geleden door kolenbranders gerooid en tot houtskool verwerkt. Uit de stronken ontsproten nieuwe stammen, die de basis voor veel van onze huidige loofbossen vormen. Vooral eiken- en haagbeukenbossen stammen uit zulke hakhoutbossen. Bij die hakhoutbossen werden het rooien en weer laten opgroeien in een ritme van een aantal decennia herhaald, zodat de bomen nooit tot volle wasdom konden komen en nooit groot konden worden. Dat gebeurde omdat de toenmalige bevolking simpelweg te arm was en het zich niet kon permitteren om lang op nieuw hout te wachten. Die relicten kun je bij een boswandeling nog herkennen aan struikachtige, meerstammige bomen of aan knobbelige verdikkingen aan de voet van de stam, waar het periodieke kappen voor woekeringen zorgde.

Zijn die stammen nu jonge bomen of zijn het eigenlijk oude, duizendjarige bomen? Dat vroegen wetenschappers zich ook af, toen ze eeuwenoude sparren in de Zweedse provincie Dalarna onderzochten. De oudste had een soort lage struik gevormd die als een kleed over één stammetje heen lag. Het hoorde allemaal bij één boom, waarvan het wortelhout met de C14-methode werd onderzocht. C14, een radioactieve koolstof, wordt continu opnieuw gevormd in de atmosfeer en vervalt dan weer langzaam. Daardoor blijft de verhouding tot de overige koolstof telkens gelijk. Opgeslagen in inactieve biomassa als bijvoorbeeld hout blijft de radioactieve koolstof vervallen, terwijl er geen nieuwe radioactieve koolstof wordt opgenomen. Hoe geringer het aandeel daarvan, hoe ouder het weefsel dus moet zijn. Het onderzoek van de spar leverde een bijna ongelooflijke leeftijd van 9.550 jaar op. De individuele loten waren jonger, maar die nieuwe uitlopers van de laatste eeuwen werden niet als boom op zich beoordeeld, maar als deel van het geheel.[23] Terecht, vind ik! Want de wortel was vast en zeker bepalender dan het bovengrondse deel. Die had er immers voor gezorgd dat het organisme had overleefd, die had sterke klimaatwisselingen doorstaan en telkens weer nieuwe stammen laten ontspruiten. In de wortel waren de ervaringen van millennia opgeslagen, die het hem mogelijk hadden gemaakt tot op de dag van vandaag te overleven. De spar zorgde er overigens voor dat er heel wat wetenschappelijke ideeën overboord konden. In de eerste plaats wist niemand voor die tijd dat deze naaldbomensoort aanmerkelijk ouder kon worden dan 500 jaar, in de tweede plaats had men tot dusverre aangenomen dat sparren pas 2.000 jaar geleden, na het terugtrekken van het ijs, in dit deel van Zweden waren aangekomen. Voor mij staat deze onopvallende, kleine boom symbool voor het feit hoe weinig we van bossen en bomen weten en hoeveel wonderen er nog te ontdekken zijn.

Terug naar de vraag waarom de wortel het belangrijkste deel is. Mogelijk zit hier zoiets als het brein van de boom. Brein? Is dat niet een beetje vergezocht? Misschien, maar als we weten dat bomen kunnen leren, dus ervaringen opslaan, dan moet er daarvoor ook een overeenkomstige plek in het organisme zijn. We weten niet waar die zich bevindt, maar de wortels zouden voor dat doel het geschiktst zijn. Ten eerste laten de oude sparren in Zweden zien dat het ondergrondse deel het duurzaamste deel van de boom is – waar moet hij anders langdurig belangrijke informatie opslaan? Ten tweede toont recent onderzoek aan dat het zachte vlechtwerk altijd voor verrassingen zorgt. Want tot dusverre werd het als onomstreden beschouwd dat het alle activiteiten via chemische processen stuurde. Nu is dat geen schande, want ook bij ons worden immers veel processen door boodschapperstoffen geregeld. Wortels nemen substanties op, transporteren die verder, brengen als reactie hierop fotosyntheseproducten naar de zwampartners en sturen zelfs waarschuwingsstoffen naar buurbomen. Maar een brein? Daar zijn naar ons inzicht neuronale processen voor nodig en daarbij horen naast boodschapperstoffen ook elektrische stroompjes. En die kun je meten, al sinds het eind van de negentiende eeuw. Sinds vele jaren is er een hevige strijd gaande onder wetenschappers. Kunnen planten denken, zijn ze intelligent?

Frantisek Baluska van het Instituut voor Cellulaire en Moleculaire Botanica van de Universiteit van Bonn is samen met collega's van mening dat zich in de wortelpunten hersenachtige structuren bevinden. Naast signaaloverdracht gaat het tevens om diverse neuronale structuren en moleculen, die in soortgelijke vorm ook bij dieren worden aangetroffen.[24] Als de wortel in de aarde tastend zijn weg zoekt, kan hij prikkels ontvangen. De onderzoekers meten elektrische signalen die in een overgangszone worden verwerkt en tot gedragsveranderingen leiden. Stuiten de wortels op giftige stoffen, ondoordringbare stenen of op natte stukken, dan analyseren ze de situatie en geven de noodzakelijke veranderingen aan de groeizone door. Die verandert vervolgens van richting en stuurt de uitlopers om het gevaarlijke stuk grond heen. Of je hierin ook nog een centrum van intelligentie, geheugen en emoties kunt zien, wordt op dit moment door de meerderheid van de plantenonderzoekers in twijfel getrokken. Ze winden zich er vooral over op dat de bevindingen naar soortgelijke situaties bij dieren worden vertaald, en ten slotte over het feit dat de grenzen tussen planten en dieren lijken te verdwijnen. Nou en? Wat zou daar zo erg aan zijn? De scheiding plant/dier is sowieso willekeurig gekozen en opgehangen aan de manier waarop ze aan hun voedingsstoffen komen: de ene bedrijft fotosynthese, de andere eet levende wezens. Grote verschillen zijn er tenslotte alleen nog in het tijdsbestek waarin informatie wordt verwerkt en in handelingen wordt omgezet. Maar zijn langzame wezens automatisch inferieur aan snelle? Ik denk weleens dat we bang zijn dat we bomen en ander groen met meer respect zouden moeten behandelen als onomstotelijk zou worden vastgesteld hoezeer ze in veel opzichten op dieren lijken.

In het rijk van het duister

De bodem is voor ons mensen ondoorzichtiger dan water, en dat geldt ook in overdrachtelijke zin. Terwijl de bodem van de oceanen slechter is onderzocht dan het oppervlak van de maan,[25] is er naar het bodemleven nog minder onderzoek gedaan. Natuurlijk zijn er al een heleboel soorten en feiten ontdekt, waarover van alles te lezen valt. Dat is echter slechts een fractie van de grote verscheidenheid aan leven dat onder onze voeten krioelt. Tot de helft van de biomassa van een bos zit in die kelder. De meeste levende wezens, waarvan het hier wemelt, zijn met het blote oog niet waar te nemen. Dat is waarschijnlijk de belangrijkste reden waarom ze ons niet zo interesseren als bijvoorbeeld een wolf, een zwarte specht of een vuursalamander. Terwijl ze voor bomen waarschijnlijk veel belangrijker zijn. Een bos heeft de grotere bewoners echt niet nodig. Reeën, herten, wilde zwijnen, de roofdieren en zelfs een deel van de vogels zouden geen pijnlijke leegte in het ecosysteem achterlaten. Zelfs als die allemaal op hetzelfde moment zouden verdwijnen, zou het bos zonder al te grote schade gewoon doorgroeien. En dat is met de nietige wezentjes onder hun voeten wel anders. In een handjevol bosaarde zitten meer levende wezens dan er mensen zijn op aarde. Een theelepel vol bevat alleen al een kilometer zwamdraden. Al die wezens zijn van invloed op de bodem, vormen die en maken die zo waardevol voor bomen.

Voor we een van die beestjes wat beter gaan bekijken, wil ik graag met je teruggaan naar het begin van het ontstaan van de bodem. Zonder bodem zouden er geen bossen zijn, want bomen moeten zich ergens in kunnen wortelen. Kale rotsen zijn daarvoor niet voldoende, en losse stenen bieden de wortels weliswaar houvast, maar kunnen niet genoeg water en voedingsstoffen opslaan. Door geologische processen als bijvoorbeeld de ijstijden met hun vorstperioden braken de stenen open, en gletsjers schuurden de brokken tot zand en stof, zodat er vervolgens losse grond overbleef. Die werd na het ontdooien van het ijs door water naar lagergelegen plekken en dalen gespoeld of door stormen meegesleurd en zette zich in metersdikke lagen af. Later kwam er leven in de vorm van bacteriën, schimmels en planten bij, die na hun dood tot humus verrotten. In de loop van de decennia konden zich op die bodem – die pas nu als zodanig betiteld kan worden – bomen vestigen, die hem telkens waardevoller maakten. Ze hielden die met hun wortels vast en beschermden die tegen regen en storm. Erosie vond op die manier nauwelijks nog plaats; de humuslagen groeiden steeds verder aan en er vormden zich voorstadia van bruinkool. Erosie is trouwens een van de grootste natuurlijke vijanden van het bos. Schade aan de bodem vindt echter alleen plaats door extreme gebeurtenissen, meestal als gevolg van erg zware neerslag. Als de bosbodem niet meteen al het water kan opnemen, vloeit de rest bovengronds af en neemt daarbij kleine deeltjes mee. Dat kun je bij regen zelf ook waarnemen: als het water bruin van kleur is, voert het waardevolle grond mee. Dat kan per jaar, per vierkante kilometer tot tien miljoen kilo zijn. Uit stenen in de ondergrond wordt door verwering op hetzelfde oppervlak jaarlijks slechts 100.000 kilo gevormd, zodat een enorme afname het gevolg is. Op een dag zijn er alleen nog losse stenen aanwezig. Zulke verarmde arealen zijn er tegenwoordig nog op veel plekken te vinden in bossen op uitgeloogde gronden waar eeuwen geleden nog landbouw werd bedreven. Blijft het bos constant behouden, dan verliest het per vierkante kilometer en per jaar slechts tussen de 400 en 5.000 kilo. De bodem onder de bomen wordt daardoor in de loop van de tijd dikker, zodat de omstandigheden voor bomen steeds beter worden.[26]

Dan zijn we nu bij de dieren in de bodem aangekomen. Die zijn, dat moet ik toegeven, niet erg aantrekkelijk. Doordat ze zo klein zijn blijven de meeste soorten voor het blote oog verborgen, en als je er een loep bij pakt, wordt het er niet beter op: mosmijten, springstaartjes en borstelwormen spreken nu eenmaal niet zo tot de verbeelding als orang-oetans of bultruggen. In het bos vormen de kleine beestjes het begin van de voedselketen, en om die reden zou je ze als het plankton van de bodem kunnen beschouwen. Jammer genoeg interesseert de wetenschap zich slechts zijdelings voor de duizenden soorten met hun onuitspreekbare Latijnse namen die tot dusverre zijn ontdekt, en ontelbaar veel andere soorten wachten vergeefs op hun ontdekking. Misschien is dat echter ook een troost: het bos heeft nog veel geheimen, die voor onze voordeur liggen. Laten we een blik werpen op het weinige wat tot dusverre ontsluierd is.

Zoals de reeds genoemde mosmijten, waarvan er in onze streken al meer dan duizend soorten bekend zijn. Ze zijn kleiner dan een millimeter en zien eruit als spinnetjes waarvan de poten te kort zijn uitgevallen. Hun lichaam is beigebruin, een goede camouflage in hun natuurlijke biotoop de bodem. Mijten? Dat levert meteen associaties op met de huisstofmijt, die leeft van onze huidschilfers en andere reststoffen en tevens allergieën veroorzaakt. In elk geval een deel van de mosmijten doet iets soortgelijks bij bomen. De bladeren en schorsschilfers die daar afvallen zouden zich metershoog opstapelen als zich daar niet een heel leger van piepkleine hongerige beestjes op zou storten. Die beestjes wonen in de afgevallen bladeren die ze gretig oppeuzelen. Andere soorten zijn gespecialiseerd in schimmels. Die diertjes zitten in kleine holletjes in de bodem en drinken de sappen die de fijne, witte draden afscheiden. Uiteindelijk voeden deze mosmijten zich met suiker die de bomen aan hun zwampartners afstaan. Of het nu om afgestorven hout of om dode slakken gaat, er is niets waar een mosmijtsoort zich niet aan heeft aangepast. Die duiken overal op op de grens tussen ontstaan en vergaan, en zijn dus onmisbaar voor het ecosysteem.

Of de snuitkever: die ziet er een beetje uit als een piepklein olifantje, waaraan alleen de zeiloren ontbreken, en hij behoort tot de meest veelsoortige insectenfamilies op de hele wereld; alleen bij ons komen al rond de 1.400 soorten voor. De slurf dient overigens minder voor de voedselopname dan voor de ondersteuning van het nageslacht. Met hun lange snuit vreten de beestjes gaatjes in bladeren en stengels, waar ze vervolgens hun eieren in leggen. De larven kunnen aldus beschermd tegen predatoren kleine gangetjes in de planten knagen en in alle rust groter worden.[27]

Een paar snuitkeversoorten, meestal bodembewoners, kunnen niet meer vliegen, omdat ze zich aan het langzame tempo van de bossen en hun zo goed als eeuwige bestaan hebben aangepast. Ze kunnen maar maximaal tien meter per jaar lopen en meer is ook niet nodig. Als de omgeving van een boom verandert doordat die doodgaat, hoef je als snuitkever alleen maar naar de volgende boom te lopen, om daar in het rottende loof verder te knabbelen. Als je zulke kevers aantreft, dan kun je daaruit opmaken dat er sprake is van een lange, ononderbroken bosgeschiedenis. Wanneer het bos in de middeleeuwen gerooid is en later opnieuw is geplant, dan ontbreken zulke insecten, omdat de weg te voet terug van het dichtstbij gelegen oude bos simpelweg te lang is.

Alle genoemde dieren hebben één ding gemeen: ze zijn heel klein, waardoor hun actieradius enorm beperkt is. Dat speelde in de grote oerbossen die ooit Midden-Europa bedekten nog geen rol. Tegenwoordig is het grootste deel van het bos echter door de mens veranderd. Sparren in plaats van beuken, douglassparren in plaats van eiken, jonge bomen in plaats van oude – dat staat de beestjes niet aan, waardoor ze verhongeren en lokaal uitsterven. Toch zijn er nog oude loofbossen en met hen refugia waar de veelsoortigheid van ooit voortbestaat. Door het hele land spannen bosbeheerinstanties zich in om meer loof- in plaats van naaldbos op te kweken. Maar als er ooit opnieuw imposante beuken op de plek staan waar nu tijdens een storm sparren omvallen en plaatsmaken voor verandering, hoe komen de mosmijten en springstaartjes daar dan weer terecht? Te voet niet zo snel, want ze leggen hun hele leven amper één meter af. Mogen we dan wel de hoop koesteren dat we op een dag ten minste in nationale parken als het Beierse Woud weer met verwondering naar echte oerbossen kunnen kijken? Dat is inderdaad mogelijk, want onderzoek door studenten in mijn eigen district toont aan dat in elk geval de aan naaldbossen gebonden kleinste beestjes verrassend grote afstanden konden afleggen. Uitgerekend oude sparrenplantages laten dat duidelijk zien. Hier vonden de jonge onderzoekers soorten springstaartjes die zich gespecialiseerd hebben in sparrenbossen. Zulke bossen hebben mijn voorgangers hier in Hümmel pas honderd jaar geleden aangeplant; daarvoor stonden bij ons net als overal in Midden-Europa overwegend oude beuken. Maar hoe zijn die op naalden aangewezen springstaartjes naar Hümmel gekomen? Ik vermoed dat vogels de bodemdiertjes als blinde passagiers in hun veren meegenomen hebben. Vogels nemen graag een stofbad in het loof om hun veren te reinigen. Daarbij blijven vast ook piepkleine bodembewoners hangen, die na een vlucht naar het dichtstbijzijnde bos bij een nieuw stofbad weer worden gedropt. En wat bij de op sparren gespecialiseerde beestjes is gelukt, gaat bij loofminnende soorten misschien wel net zo. Als er in de toekomst weer meer oude loofbomen zijn, die zich ongestoord mogen ontwikkelen, zorgen vogels er misschien wel voor dat de bijbehorende onderhuurders ook weer verschijnen. Toch kan het heel lang duren voor de beestjes terugkeren, zoals de meest recente onderzoeken uit Kiel en Lüneburg aantonen.[28] Op de Lüneburger Heide werden meer dan honderd jaar geleden eikenbossen op voormalige akkers geplant. Wetenschappers namen aan dat al na een paar decennia de oorspronkelijke structuur van schimmels en bacteriën zich weer in de bodem zou moeten vestigen. Maar ze zaten er flink naast – zelfs na die relatief lange tijd gapen er nog grote leemtes in de lijst met soorten, wat ernstige gevolgen voor het bos heeft. De voedselkringlopen van ontstaan en vergaan functioneren nog altijd niet goed; bovendien zijn in de bodem nog steeds stikstofoverschotten van mest uit vroeger tijden te constateren. Het eikenbos groeit weliswaar sneller dan vergelijkbare bestanden op oude oerbosbodems, maar is duidelijk kwetsbaarder, bijvoorbeeld voor droogte. Niemand weet hoe lang het gaat duren voordat zich weer echte bosbodem vormt, we weten alleen dat honderd jaar niet genoeg is. Om ervoor te zorgen dat er überhaupt nog ooit regeneratie kan plaatsvinden, hebben we reservaten nodig met oorspronkelijke bossen, zonder enige menselijke beïnvloeding. Hier kan de veelsoortigheid van het bodemleven overleven en als kiemcel dienen voor het herstel van de omliggende terreinen. En daarbij hoeven wij niet veel in te boeten, zoals de gemeente Hümmel al jaren demonstreert. Zij heeft namelijk al haar oude beukenbossen onder natuurbescherming geplaatst en verdient er nu op een andere manier geld aan. Een deel wordt als begraafbos gebruikt door de bomen als levende grafstenen voor urnenbijzettingen te verpachten. Na je dood deel van het oerbos worden – is dat geen mooi idee? Een ander gedeelte van de reservaten wordt verpacht aan bedrijven, die zo hun steentje aan de bescherming van het milieu kunnen bijdragen. Het feit dat het hout niet kan worden gebruikt, wordt daardoor gecompenseerd, en mens en natuur zijn tevreden.

CO_2-stofzuiger

In een wijdverbreid, nogal simplistisch beeld van de kringlopen van de natuur zijn bomen het symbool voor balans. Ze bedrijven fotosynthese en produceren daarbij koolwaterstof, dat ze gebruiken om te groeien, waardoor ze in de loop van hun leven tot 20 ton CO_2 in stam, takken en wortels opslaan. Gaan ze op een dag dood, dan komt exact dezelfde hoeveelheid aan broeikasgassen weer vrij, doordat schimmels en bacteriën het hout verteren en verwerkt weer uitademen. Op dit idee berust overigens ook de uitspraak dat houtverbranding klimaatneutraal zou zijn. Het is immers om het even of kleine organismen het hout in gasvormige deeltjes ontbinden of dat de kachel in huis die taak overneemt. Maar zo simpel functioneert het bos niet. Het is in werkelijkheid een gigantische CO_2-stofzuiger, die dat bestanddeel continu uit de lucht filtert en opslaat. Weliswaar wordt een deel daarvan na zijn dood inderdaad weer teruggegeven aan de atmosfeer, maar het grootste deel blijft permanent in het ecosysteem aanwezig. De verbrijzelde stam wordt langzaam door verschillende soorten in steeds kleinere stukjes geschuurd en opgegeten, en daarbij centimeter voor centimeter dieper in de grond verwerkt. Het laatste beetje doet de regen, die de organische overblijfselen naar binnen spoelt. Hoe verder je naar beneden gaat, hoe koeler het wordt. En met de dalende temperatuur vertraagt ook het leven, tot het uiteindelijk bijna helemaal tot stilstand komt. Daarmee heeft het CO_2 in de vorm van humus zijn laatste rustplaats gevonden en raakt steeds meer geconcentreerd. In een heel verre toekomst wordt dat misschien ooit weer bruin- of steenkool. De huidige vindplaatsen van die fossiele brandstoffen zijn ongeveer 300 miljoen jaar geleden ook uit bomen ontstaan. Die zagen er weliswaar nog een beetje anders uit en leken eerder op 30 meter hoge varens of paardenstaarten, maar konden met een stamdiameter van twee meter net zulke afmetingen bereiken als onze huidige soorten. De meeste bomen groeiden in moerassen en als ze van ouderdom stierven, plonsde de stam in het veenachtige water, waar hij amper verrotte. In de loop van de millennia vormden zich daardoor dikke turflagen, die later werden overdekt door losse stenen en door de druk geleidelijk aan in steenkool veranderden. In onze grote conventionele energiecentrales worden dus fossiele bossen verbrand. Zou het dan niet mooi en bevredigend zijn als wij onze bomen de kans zouden geven om hetzelfde te doen als hun voorouders? Dan konden ze tenminste een deel van het CO_2 weer wegvangen en in de aarde opslaan.

Tot vorming van steenkool komt het tegenwoordig nauwelijks nog, aangezien de bossen door de exploitatie (houtkap) telkens weer worden gedund. Daardoor dringen verwarmende zonnestralen door tot op de bodem en helpen de daar levende soorten flink te groeien. Die verteren de laatste humusvoorraden dus ook in de diepere lagen en laten die in de vorm van gas opstijgen in de atmosfeer. De totale hoeveelheid van de ontsnappende klimaatgassen komt ongeveer overeen met die van het mogelijke timmerhout. Voor elk blok hout dat je thuis in de kachel verbrandt, wordt buiten uit de bodem van de bossen nog een keer dezelfde hoeveelheid CO_2 vrijgegeven. De koolstofvoorraden onder de bomen worden in onze streken dus al bij het ontstaan opgemaakt.

Toch kun je in elk geval de beginprocessen van de steenkoolvorming bij elke boswandeling zien. Graaf maar eens een beetje in de grond tot je op een lichte laag stuit. Tot die lijn is het bovenste, donkere deel sterk verrijkt met koolstof. Zouden we het bos in het vervolg met rust laten, dan hadden we hier een voorstadium van steenkool, gas en olie. In elk geval in grote reservaten, zoals de kernzones van nationale parken, gaan die processen tegenwoordig weer ongestoord verder. De dunne humuslagen zijn overigens niet alleen een gevolg van de huidige bosbouw, ook de Romeinen en Kelten hakten al ijverig bomen om en brachten daarmee de natuurlijke processen tot stilstand.

Maar wat voor zin heeft het eigenlijk voor bomen om hun lievelingskostje permanent uit de weg te ruimen? Want het zijn immers niet alleen de bomen: alle planten, inclusief de algen in de oceanen, filteren CO_2, dat in de vorm van koolstofverbindingen in het slib wordt opgeslagen nadat ze na hun dood zijn gezonken. Samen met dierlijke resten, zoals het kalk van koralen dat sowieso een van de grootste reservoirs van CO_2 is, werd er in honderden miljoenen jaren enorm veel koolstof onttrokken aan de atmosfeer. In het carboon, toen de grootste kolenvelden ontstonden, was de CO_2-concentratie negen keer zo hoog als nu, voordat onder andere de toenmalige bossen een vermindering tot nog steeds het drievoudige van de huidige concentratie veroorzaakten.[29] Maar wanneer is de rek voor onze bossen eruit? Zullen die altijd koolstof blijven opslaan, tot er op een gegeven moment niets meer in de lucht te vinden is? Die vraag hoeven we onszelf gezien onze consumptiehonger niet eens meer te stellen, want wij hebben de rollen al omgedraaid en maken vrolijk alle CO_2-opslagplaatsen leeg. Olie, gas en steenkool worden in de vorm van brandstoffen verbrand en de lucht in geblazen. Is het afgezien van de klimaatverandering misschien zelfs een zegen dat we tegenwoordig broeikasgassen uit hun onderaardse gevangenis bevrijden en weer laten vrijkomen? Zo ver zou ik niet willen gaan, maar het bemestingseffect van de inmiddels gestegen concentratie is in elk geval aantoonbaar aanwezig. De meest recente bosinventarisaties tonen aan dat de bomen sneller groeien. De tabellen voor de schatting van de houtproductie moeten worden aangepast, omdat er ongeveer een derde meer biomassa bij komt dan een paar decennia geleden. Maar hoe zat het ook alweer? Langzaamaan luidde immers het devies om als boom oud te worden! Dit is een ongezonde groei, die ook nog eens wordt aangewakkerd doordat er aanzienlijk meer stikstof binnenkomt uit de landbouw. Dus geldt de oude regel toch nog: minder (CO_2) is meer (levensduur).

Als bosbouwstudent leerde ik al dat jonge bomen vitaler zijn en sneller groeien dan oude. Die opvatting wordt tot op de dag van vandaag verdedigd en leidt ertoe dat bossen verjongd moeten worden. Verjongd? Dat betekent niets anders dan oude bomen kappen en vervangen door vers geplante boompjes. Alleen dan zouden de bossen stabiel zijn en zouden ze ook overeenkomstig veel hout kunnen produceren en daardoor CO_2 uit de lucht kunnen opnemen en binden, aldus de actuele uitspraken van organisaties van boseigenaren en vertegenwoordigers van de bosindustrie. Afhankelijk van de boomsoort zou op een leeftijd van 60 tot 120 jaar de groeikracht afnemen, en dus is het dan tijd om de oogstmachines te laten aanrukken. Wordt het ideaal van de eeuwige jeugd waarover in onze maatschappij zo'n controverse heerst, simpelweg vertaald naar het bos? Het heeft er alle schijn van, want een boom van 120 jaar is, vertaald naar menselijke maatstaven, net uit de schoolbanken. De tot nu toe geldende wetenschappelijke aannames blijken inderdaad volledig onjuist te zijn, zoals blijkt uit een onderzoek van een internationaal onderzoeksteam. De wetenschappers onderzochten wereldwijd rond 700.000 bomen op alle continenten. Het verrassende resultaat: hoe ouder bomen worden, hoe sneller ze groeien. Zo produceerden bomen met een stamdiameter van een meter drie keer zoveel biomassa als exemplaren die maar half zo dik waren.[30] Oud betekent bij bomen niet zwak, krom en kwetsbaar, maar juist sterk en krachtig. Bejaarde bomen zijn dus duidelijk productiever dan jong spul, en in samenhang met de klimaatverandering belangrijke bondgenoten van de mens. Het devies om bossen te verjongen om ze daardoor vitaler te maken, mag sinds de publicatie van het onderzoek op zijn minst als misleidend worden betiteld. Hoogstens als het gaat om houtwinning wordt vanaf een bepaalde leeftijd een waardevermindering zichtbaar. Schimmels kunnen er dan voor zorgen dat de kern van de stam verrot, maar de verdere groei wordt daardoor totaal niet verminderd. Willen we bossen gebruiken in de strijd tegen de klimaatverandering, dan moeten we die oud laten worden, exact wat de grote natuurbeschermingsorganisaties vragen.

Houten airco

Bomen houden niet van extreme schommelingen in temperatuur en vochtigheid. Ook voor grote planten maakt het regionale klimaat echter geen uitzonderingen. Maar hebben bomen misschien mogelijkheden om er zelf invloed op uit te oefenen? Zelf ging ik daar anders naar kijken door een bezoek aan een klein bos in de buurt van Bamberg, dat op droge, voedselarme zandgrond stond. Hier kon alleen de den gedijen, hadden boswetenschappers ooit beweerd. Om een saaie monocultuur te voorkomen, plantte men er toen ook nog beuken bij, die met hun loof de zure dennennaalden voor het bodemleven wat moesten afzwakken. Het plan was niet om van deze loofbomen ook hout te winnen, het was een zogenaamde dienende boomsoort. Maar de beuken peinsden er niet over om alleen maar ondergeschikte functies op zich te nemen. En na een paar decennia lieten ze zien wat ze in huis hadden. Door elk jaar opnieuw hun blaadjes te laten vallen, zorgden ze voor een milde humus, die veel water kon opslaan. Bovendien werd de lucht in dit kleine bos telkens vochtiger, doordat de bladeren van de omhoog strevende boompjes de wind tussen de dennenstammen stopten en voor rustige lucht zorgden. Zo verdampte er minder water. Daardoor gedijden de beuken steeds beter en op een dag groeiden ze de dennen ten slotte boven het hoofd. De bodem van het bos en het microklimaat waren intussen zo veranderd dat de omstandigheden beter waren voor de loofbomen dan voor de bescheiden naaldbomen. Dat is een mooi voorbeeld van wat bomen kunnen veranderen. Houtvesters zeggen ook wel: het bos schept zijn ideale standplaats zelf. Wat rustige lucht betreft is dat begrijpelijk, maar hoe staat het met de waterhuishouding? Als in de zomer warme lucht de bodem van het bos niet droog kan föhnen omdat die altijd goed beschaduwd en beschermd is, dan snap je dat ook nog wel. Maar hoe groot de temperatuurverschillen van een uitgedund naaldbos vergeleken met een natuurlijk, oud beukenbos kunnen zijn, ontdekten studenten van de RWTH Aken in mijn district. Op een extreem warme dag in augustus, waarop de thermometer opklom tot 37 °C, was de bodem van het loofbos meer dan 10 °C koeler dan die van het een paar kilometer verderop gelegen naaldbos. Die koeling, waardoor er minder water verdampt, komt niet alleen door de schaduw maar in belangrijke mate ook uit de biomassa. Hoe meer levend en dood hout een bos heeft en hoe dikker de humuslaag van de bodem is, des te meer water is er in de totale massa opgeslagen. Verdamping zorgt voor koelte, die er op zijn beurt weer voor zorgt dat er niet zoveel verdampt. Je zou ook kunnen zeggen: ongerept bos kan in de zomer zweten, wat hetzelfde effect heeft als zweet bij ons mensen. Het zweten van de bomen kun je overigens rechtstreeks waarnemen, en wel op huizen. Vaak staan daar in prima gezondheid verkerende, voormalige kerstbomen die de mensen niet weg wilden gooien en die netjes in de grond zijn gezet. Ze groeien maar door en op een gegeven moment zijn ze veel groter dan de bezitters hadden verwacht. Maar bovenal staan ze meestal te dicht bij de muren van het huis en steken ze met hun takken zelfs voor een deel over het dak. En dan ontstaan er een soort zweetplekken. Wat bij ons onder onze oksels al onaangenaam genoeg is, heeft voor de huizen ook niet alleen optische gevolgen. Door het zweten van de bomen wordt het zo vochtig dat er algen en mos op de gevel en op dakpannen gaan zitten. Het regenwater loopt nu, geremd door de begroeiing, slechter af en de dakgoot raakt verstopt door losgeweekte moskussentjes. De pleisterlaag begint in de loop der jaren door de nattigheid poreus te worden en moet voortijdig vernieuwd worden. Bezitters van onder de bomen geparkeerde auto's profiteren echter van de compenserende werking. Bij temperaturen rond het vriespunt moeten de bezitters van in de openlucht geparkeerde auto's al ruiten krabben, terwijl de onder de bomen geparkeerde auto's vaak ijsvrij blijven. Afgezien van het feit dat bomen een negatieve invloed op het uiterlijk van bouwwerken kunnen hebben, vind ik het fascinerend dat sparren en andere soorten het microklimaat van hun omgeving zo sterk kunnen veranderen. Hoeveel groter zal de invloed van ongerept bos dan wel niet zijn?

Wie goed zweet, moet veel drinken. En van een dergelijke bomenzuippartij kun je zelf getuige zijn, maar alleen bij flinke plensbuien. Omdat die meestal gepaard gaan met bliksem, zal ik je niet aanraden om dan een boswandeling te gaan maken. Maar als je, zoals ik (vaak voor mijn werk) toch al buiten bent, dan kun je een fascinerend schouwspel meemaken. Meestal zijn het beuken die het echt op een zuipen zetten. Hun takken strekken zich, zoals die van veel loofbomen, schuin naar boven. Want de kroon dient niet alleen om het blad uit te spreiden in het zonlicht, maar ook om water op te vangen. De regen valt op honderdduizenden blaadjes, en vervolgens druppelt het vocht op de twijgen. Daarvandaan loopt het naar beneden over de takken, waar de kleine stroompjes zich verenigen tot één stroom, die zich bruisend van de stam naar beneden stort. Helemaal onderaan schiet het water zo krachtig naar beneden dat het stevig schuimend op de grond terechtkomt. Bij een flinke bui kan een volgroeide boom meer dan duizend liter extra naar binnen werken, die hij door zijn constructie doelgericht naar zijn wortels leidt. Daar wordt het water in de omringende aarde opgeslagen en het helpt hem vervolgens door heel wat droogteperioden heen.

Sparren en dennen kunnen dat niet. Terwijl dennen zich slim genoeg graag tussen de beuken mengen, staan sparren vaak dorst te lijden naast hun soortgenoten. Hun kronen werken als een paraplu, wat voor wandelaars heel praktisch is. Dicht bij de stam worden ze tijdens een bui nauwelijks nat, maar hetzelfde geldt voor de boomwortels. Regenval tot tien liter per vierkante meter (en dat is flink wat) blijft compleet in de naalden en takken hangen. Dat waardevolle vocht verdampt weer zodra de wolkendeken opentrekt, waarmee het voor het bos verloren gaat. Waarom doen sparren dat zo? Simpelweg omdat ze niet hebben geleerd zich op watergebrek in te stellen. Ze voelen zich prettig in koude streken, waar door de lage temperaturen nauwelijks grondwater verdampt. Bijvoorbeeld in de Alpen, vlak onder de boomgrens, waar meer neerslag er bovendien voor zorgt dat watergebrek nooit een probleem is. Sterke sneeuwval is dat echter wel, en daarom zijn de takken horizontaal of licht naar beneden gebogen, zodat ze bij een groot gewicht ingeklapt kunnen worden. Zo loopt er echter geen water langs naar beneden en als sparren op lagere, drogere gronden staan hebben ze niets aan die paraplufunctie. Een groot deel van de huidige naaldbossen in Midden-Europa is aangeplant en wel op plekken waar de mens dat praktisch vond. Hier hebben de bomen constant dorst, omdat hun ingebouwde paraplu een derde van de neerslag tegenhoudt en teruggeeft aan de lucht. Bij loofbossen is dat slechts 15 procent, waardoor die 15 procent meer water krijgen dan hun collega's met naalden.

Bos als waterpomp

Hoe komt het water eigenlijk in het bos of – nog fundamenteler – überhaupt aan land? Hoe simpel die vraag misschien ook klinkt, in eerste instantie is er nog niet zo gemakkelijk een antwoord op te geven. Want een van de belangrijkste eigenschappen van land is dat het hoger ligt dan de zee. Water stroomt door de zwaartekracht altijd naar het laagste punt en eigenlijk zouden de continenten dus moeten uitdrogen. Dat wordt slechts verhinderd door de constante bevoorrading via de wolken die zich boven zee vormen en vervolgens door de wind verder worden getransporteerd. Dat mechanisme functioneert maar tot een paar honderd kilometer van de kust. Hoe verder landinwaarts je komt, hoe droger het wordt, omdat de wolken leeg geregend zijn en verdwijnen. Al na 600 kilometer wordt het zo droog dat de eerste woestijnen verschijnen. Leven zou daarom eigenlijk alleen in een smalle strook langs de buitenrand van de continenten mogelijk moeten zijn; het binnenland zou troosteloos en dor moeten zijn. Eigenlijk wel, ja. Maar gelukkig hebben we de bossen. Zij zijn de vegetatievorm met het grootste bladoppervlak: per vierkante meter bos vormen zich in de kronen 27 vierkante meter loof en naalden.[31] Daarboven blijft een deel van de neerslag hangen, die meteen weer verdampt. Daarnaast verbruiken de bomen in de zomer per vierkante kilometer tot 2.500 kubieke meter water, dat ze via hun ademhaling afgeven aan de lucht. Door die waterdamp vormen zich nieuwe wolken, die vervolgens landinwaarts trekken en daar weer leeg regenen. Dat gaat telkens zo door, zodat ook de verst verwijderde gebieden van vocht worden voorzien. Die waterpomp functioneert zo goed dat de neerslag in veel uitgestrekte gebieden van de aarde, zoals het Amazonebekken, zelfs duizenden kilometers landinwaarts nauwelijks van die aan de kust te onderscheiden is. De enige randvoorwaarde is dat er van zee tot in de verste uithoek bos moet zijn. Vooral als de eerste bouwsteen ontbreekt: het bos aan de kust dus, stort het systeem in elkaar. Alle lof voor de ontdekking van deze ongelooflijk belangrijke verbanden verdienen de wetenschappers rond Anastassia Makarieva uit Sint-Petersburg in Rusland.[32] Zij deden over de hele wereld onderzoek in verschillende bossen en kwamen telkens tot dezelfde conclusies. Of het nu ging om het regenwoud of de Siberische taiga, steeds weer waren het de bomen die de essentiële vochtigheid landinwaarts doorgaven. De wetenschappers ontdekten ook dat het hele systeem in elkaar stort wanneer de bossen aan de kust worden gekapt. Het werkt hetzelfde als wanneer je bij een elektrische pomp het zuigstuk uit het water zou trekken. In Brazilië zijn de gevolgen al zichtbaar: het Amazoneregenwoud wordt steeds droger. Midden-Europa ligt nog binnen de 600 kilometerzone en daardoor in het aanzuigbereik van de pomp. Gelukkig zijn hier nog bossen, ook al zijn ze inmiddels sterk gekrompen.

De naaldbossen van het noordelijk halfrond hebben nóg iets waarmee ze het klimaat en de waterhuishouding kunnen beïnvloeden. Ze wasemen terpenen uit, stoffen die oorspronkelijk dienden om ziekten en parasieten af te weren. Komen die moleculen in de lucht, dan condenseert het vocht erop. Daardoor vormen zich wolken die twee keer zo dicht zijn als boven onbeboste oppervlakken. De kans op regen stijgt en ongeveer 5 procent van het zonlicht wordt extra teruggekaatst. Het plaatselijke klimaat koelt af – koel en vochtig, daar zijn naaldbomen dol op. Door die wisselwerking spelen deze ecosystemen in het kader van de klimaatverandering mogelijk een sterk remmende rol.[33]

Voor onze eigen ecosystemen is regelmatige neerslag enorm belangrijk, want water en bos horen bijna onafscheidelijk bij elkaar. Of het nu om beken, plassen of het bos zelf gaat, alle ecosystemen zijn afhankelijk van het feit dat ze hun bewoners liefst zo constant mogelijke omstandigheden bieden. Een typisch voorbeeld van een beestje dat niet van grote veranderingen houdt is de bronslak. Die is afhankelijk van de soort vaak nog geen twee millimeter lang en houdt van koud water. Meer dan 8 °C moet het niet zijn en bij veel bronslakken valt dat te verklaren uit hun verleden: hun voorouders leefden in het smeltwater in het smeltgebied van gletsjers die tijdens de laatste ijstijd in grote delen van Europa te vinden waren. Soortgelijke omstandigheden heersen er in schone bronnen in het bos. Het water daar is ook constant koel, want het betreft naar boven komend grondwater. Dat is in diepe bodemlagen geïsoleerd van de buitentemperaturen en daarom in zomer en winter even koud. Voor de bronslakken is dat tegenwoordig, nu er geen gletsjers meer zijn, de ideale, vervangende biotoop. Maar daarnaast moet het water ook nog het hele jaar borrelen, en nu gaat het bos een rol spelen. Zijn bodem werkt als een groot spaarbekken en verzamelt naarstig alle neerslag. De bomen zorgen ervoor dat de regendruppels niet te hard tegen de grond slaan, maar zacht van de takken druppen. De losse aarde neemt het water helemaal op, zodat het niet tot kleine beekjes samenstroomt en in heel korte tijd wordt afgevoerd, maar eerst in de bodem blijft zitten. Is die verzadigd, en is de tank voor de bomen gevuld, dan wordt het overtollige vocht langzaam en gedurende vele jaren aan telkens diepere lagen afgegeven. Soms duurt het tientallen jaren voordat het weer tevoorschijn komt. Schommelingen tussen droogteperioden en hevige regen zijn in die tijd vervaagd en wat over is gebleven, is een gelijkmatig borrelende bron. Hoewel – bruisen kun je dat niet altijd noemen. Vaak ziet het er alleen maar uit als een drassig-modderige vlek op de bodem van het bos die donker naar het dichtstbijzijnde beekje trekt. Als je er beter naar kijkt (en daarvoor moet je op de knieën), zie je de piepkleine stroompjes waaraan je een bron kunt herkennen. De thermometer geeft aan of het om oppervlaktewater na een hevige regenbui of echt om grondwater gaat. Is het onder de 9 °C? Dan moet het een echte bron zijn! Maar wie heeft er nu altijd meetinstrumenten bij zich? Wat je ook kunt doen, is een wandeling maken wanneer het vriest dat het kraakt. Terwijl plassen en het regenwater dan bevriezen, blijft er uit bronnen vrolijk water sijpelen. Hier wonen de bronslakken dus, die zo het hele jaar van hun favoriete temperatuur genieten. En niet alleen de bodem van het bos zorgt daarvoor. In de zomer zou zo'n microbiotoop snel kunnen opwarmen waardoor de slakken oververhit zouden kunnen raken. Maar het schaduwgevende bladerdak verhindert dat er te veel zonlicht binnenvalt.

Beken verlenen het bos een soortgelijke service, die hier zelfs nog belangrijker is. Want het water is, in tegenstelling tot dat van een bron die constant wordt ververst met koel, nieuw water, blootgesteld aan grotere temperatuurschommelingen. Toch hebben bijvoorbeeld salamanderlarven, die hier net als dikkopjes op hun leven buiten de beek wachten, dezelfde voorkeur als bronslakken: het moet koel blijven, zodat de zuurstof niet uit het water ontsnapt. Bevriest echter alles dan leggen ook de salamanderjongen het loodje. Goed dus dat de bomen ook dat probleem nog oplossen. In de winter, als de zon nauwelijks warmte geeft, laten de kale takken veel warmte door. Dat het water in beweging is en over boomstronken en stenen stroomt, voorkomt eveneens dat het snel dichtvriest. Wordt het in het late voorjaar als de zon hoger gaat staan voelbaar warmer, dan sluiten de loofbomen met hun uitbottende blad de rolgordijnen en beschaduwen het stromende water. Pas in het najaar, als de temperaturen weer dalen, opent de hemel zich opnieuw boven de beek omdat alle bladeren vallen. Beken onder naaldbomen hebben het duidelijk zwaarder. Hier is het in de winter bitterkoud, het water bevriest vaak helemaal en omdat het in het voorjaar ook maar langzaam weer opwarmt, komen ze voor veel organismen als leefgebied niet in aanmerking. Zulke pikdonkere beekdalen komen echter van nature nauwelijks voor, omdat sparren niet van natte voeten houden en dus vaak afstand houden. Tot dat soort conflicten tussen naaldbos en beekbewoners komt het meestal alleen in aangeplante bossen.

De betekenis van bomen voor beken neemt ook na hun dood niet af. Valt er bijvoorbeeld een afgestorven beuk dwars over de beekbedding, dan blijft die daar tientallen jaren liggen. Hij werkt als een kleine stuwdam en zorgt voor plekjes met stilstaand water, waar soorten kunnen leven die geen sterke stroming verdragen. Zoals de piepkleine salamanderlarven. Dat zijn salamandertjes in de dop, maar zonder uitwendige kieuwen; ze zijn heel onopvallend donker gevlekt en hebben een gele stip bij de pootaanzet. In het koude boswater loeren ze op kleine kreeftjes, die ze heerlijk oppeuzelen. De waterkwaliteit moet onberispelijk zijn voor hen, en zelfs daarvoor zorgen dode bomen. In de kleine opgestuwde plasjes worden slik en zwevende deeltjes afgezet en door de langzamere stroming hebben bacteriën meer tijd om schadelijke stoffen af te breken. Maak je alleen geen zorgen als het na een hevige regenbui tot schuimvorming komt. Want wat eruitziet als een milieudelict is in werkelijkheid het resultaat van humuszuren die bij kleine watervalletjes worden opgeklopt met lucht. Die zuren ontstaan door de afbraak van loof en dood hout, en zijn voor het ecosysteem buitengewoon waardevol.

Bij de vorming van kleine plasjes is het bos de laatste jaren steeds minder op omgevallen, dode stammen aangewezen. Het krijgt in toenemende mate ondersteuning van een soort die ooit was uitgeroeid en weer is teruggekeerd: de bever. Of de bomen daar zo blij mee zijn valt te betwijfelen, want dit knaagdier, dat tot 30 kilo zwaar kan worden, is de bosarbeider onder de dieren. In één nacht velt hij bomen van acht tot tien centimeter dik, grotere exemplaren worden in een paar ploegendiensten neergehaald. De bever heeft de takken nodig om zich te voeden. Vóór de winter legt hij daarvan in zijn burcht grote voorraden aan, die in de loop van de jaren meters breed worden. Ze dienen om de ingangen van zijn bouwsel te verstoppen. Ter verdere beveiliging liggen die gangen onder water om roofdieren de toegang te versperren. Alleen het woongedeelte is bovengronds en daardoor droog. Omdat de waterspiegel afhankelijk van het jaargetijde kan fluctueren, bouwen veel bevers dammen en stuwen beken zo op tot grote vijvers. Daardoor stroomt het water vertraagd door het bos en ontstaan in de omgeving van de dam grote vochtige gebieden. Elzen en wilgen zijn daar blij mee, beuken kunnen niet tegen natte voeten en gaan dood. Maar ook de profiteurs onder de boomsoorten worden in het verzorgingsgebied van de beverburcht niet oud, omdat ze als levende voedselvoorraden worden beschouwd.

Bevers beschadigen dus het bos in hun omgeving, maar doordat ze de waterhuishouding reguleren hebben ze al met al een positieve invloed. Bovendien scheppen ze biotopen voor soorten die op grotere, stilstaande wateren zijn aangewezen.

Laten we aan het eind van dit hoofdstuk nog een keer terugkomen op de oorsprong van het water in het bos: de regen. Daar kunnen we bij een wandeling van in een goed humeur raken, maar met niet-passende kleding vinden we die hinderlijk. Oude loofbomen bieden ons daarvoor een bijzondere service: een weersvoorspelling op korte termijn in de vorm van vinken. Die roestrode vogels met hun grijze kopjes zingen normaal gesproken een 'tsitsitsitsitsitsitsi-tjoe-ie-ò', een thema dat ze wel tien keer per minuut herhalen. Dat is alleen bij mooi weer te horen, want als er regen in aantocht is, zingen ze heel hard 'Retttsj'.

Mijn of dijn?

Het ecosysteem van het bos is fijn uitgebalanceerd. Elk wezen heeft daarin zijn niche, zijn functie, die bijdraagt aan aller welzijn. Zo of op soortgelijke wijze wordt de natuur vaak beschreven, maar dat is helaas onjuist. Want onder de bomen heerst de wet van de sterkste. Elke soort wil overleven en neemt van de andere soorten wat hij nodig heeft. Principieel wordt nergens rekening mee gehouden en dat de hele boel niet instort wordt slechts verhinderd door het feit dat er beschermingsmechanismen tegen al te grote inbreuken zijn. En de laatste rem zijn de eigen genen: wie te inhalig is en te veel neemt zonder te geven, berooft zichzelf van zijn eigen bestaansgrond en sterft uit. Daarom hebben de meeste soorten aangeboren gedrag ontwikkeld dat het bos tegen roofbouw beschermt. Een prachtig voorbeeld daarvan hebben we al leren kennen. Dat is de Vlaamse gaai, die weliswaar eikels en beukennootjes eet, maar ook een veelvoud aan zaden begraaft. Zo zorgt hij ervoor dat de bomen zich beter kunnen voortplanten dan zonder hem.

Als je door een hoog, donker bos loopt, dan betreed je een warenhuis dat gevuld is met allerlei delicatessen, in elk geval uit het oogpunt van dieren, schimmels of bacteriën. Eén boom bevat miljoenen calorieën in de vorm van suiker, cellulose, lignine en andere koolhydraten. Daar komen nog water en zeldzame mineralen bij. Zei ik warenhuis? Het begrip 'kluis' is beter van toepassing, want het bos is absoluut geen zelfbediening. De deur is op slot, de bast is dicht en je moet er wel iets op verzinnen om in het bezit van de zoete schatten te komen. Tenzij je een specht bent, natuurlijk. Door een speciale ophanging van zijn snavel en doordat hij een schokdempende kop heeft, kan hij erop los hakken zonder hoofdpijn te krijgen. In het voorjaar als het water de bomen in schiet en met heerlijke reservestoffen omhoogstroomt naar de knoppen, hakken de vogels kleine gaatjes in dunne stammen of takken. Dat ziet eruit als een stippellijn en uit die wonden begint de boom te bloeden. Boombloed ziet er niet schokkend uit, maar lijkt op water. Toch is het verlies van dat lichaamsvocht voor een boom even ongunstig als voor ons mensen. En het is dat vocht waar de spechten het op gemunt hebben en dat ze vervolgens beginnen op te likken. In principe kan de boom daar wel tegen, als de specht maar niet overmoedig wordt en te veel van die verwondingen aanbrengt. In de loop van de jaren genezen die verwondingen weer en ze zien eruit als sierlittekens.

Luizen zijn veel luier dan spechten. In plaats van ijverig rond te vliegen en hier en daar gaten te hakken, gaan ze met hun snuit in de aderen van de blaadjes en de naalden hangen. En daar bezatten ze zich zoals geen enkel ander dier dat kan. Het boombloed bruist door de kleine insecten heen, die het van achteren in de vorm van grote druppels weer uitscheiden. Bladluizen moeten zoveel drinken, omdat het sap heel weinig eiwitten bevat, een voedingsstof die voor hun groei en voortplanting essentieel is. De beestjes filteren dat schaarse goedje eruit en laten de meeste koolhydraten, vooral suiker, ongebruikt weer naar buiten komen. Geen wonder dat er onder bomen met een dergelijke bewoning een kleverige regen begint. Misschien heb je dat zelf ook weleens meegemaakt, als je je auto onder een aangetaste esdoorn had geparkeerd en de ruiten naderhand helemaal vies waren. Elke boomsoort heeft zijn eigen, op hem gespecialiseerde parasieten. Of het nu dennen (dennenwolluis), sparren (groene sparrenluis), eiken (eikendwergluis) of beuken (beukenbladluis) zijn, overal wordt gezogen en uitgescheiden. En omdat de ecologische niche van de bladeren al is bezet, zijn er andere soorten die moeizaam de dikke bast doorboren om bij de eronder liggende sapleidingen te komen. Zulke bastluizen, zoals de beukenwolschildluis, bedekken hele stammen met hun zilverwitte waswol. Voor de boom is dat hetzelfde als schurft voor ons: er ontstaan etterende wonden die amper genezen en tot een ruwe bast vol korsten leiden. Soms dringen hier schimmels en bacteriën binnen, die de boom nog verder verzwakken, zodat hij uiteindelijk doodgaat. Geen wonder dat hij probeert zich tegen de plaaggeesten te verweren door afweerstoffen te produceren. Duurt de aantasting toch voort, dan helpt het als hij een dikkere schors vormt, waardoor de luizen ten slotte worden afgeschud. Daarna is de boom nog minstens een paar jaar tegen verdere aantasting beschermd. Een mogelijke infectie is daarbij niet het enige probleem. Luizen zorgen er met hun eetlust voor dat er enorm veel voedingsstoffen aan de boom worden onttrokken. Per vierkante kilometer bos kunnen de kleine plaaggeesten honderden tonnen pure suiker van de bomen aftappen – suiker die later ontbreekt om te groeien of als reserve voor het volgende jaar.

Voor veel dieren zijn bladluizen echter een zegen. Om te beginnen profiteren andere insecten als het lieveheersbeestje ervan, die heerlijk de ene luis na de andere verslindt. Bosmieren zijn weer dol op het suikersap en slurpen die rechtstreeks van het achterste van de luis. Om het proces te versnellen melken ze die met hun voelsprieten, waardoor er een prikkel wordt afgegeven die de bladluis laat plassen. En om te voorkomen dat andere kapers op het idee komen om die waardevolle luizenkolonie gewoon op te eten, worden de dieren door de mieren beschermd. Het is een complete kleinveehouderij, daarboven in de kruinen van de bomen. En wat de mieren niet kunnen gebruiken, blijft niet onbenut. Op het zoetige laagje over de vegetatie om de aangetaste boom heen vestigen zich al snel schimmels en bacteriën. Dat verkleurt daardoor schimmelig zwart.

Onze honingbijen benutten overigens ook bladluizenuitwerpselen. Ze zuigen de zoete druppels in, brengen ze naar de bijenkorf, braken ze daar uit en verwerken ze vervolgens tot donkere boshoning. Kopers zijn er dol op, hoewel die honing geen bloesem gezien heeft.

Galmuggen en -wespen pakken het veel geraffineerder aan. In plaats van gaatjes in de bladeren te prikken, programmeren ze die om. Met dat doel leggen de volwassen dieren hun eieren op de bladeren van beuken en eiken. De uitkomende larven beginnen te eten en door chemische verbindingen in hun speeksel groeit er een beschermend omhulsel uit het blad. Of dat nu puntig is (beuk) of kogelrond (eik), in het binnenste ervan zijn de insectenkinderen beschermd tegen predatoren en kunnen ze in alle rust lekker knabbelen. In het najaar vallen de bouwsels samen met hun bewoners naar beneden, die zich verpoppen en in het voorjaar uitkomen. Vooral beuken kunnen massaal aangetast worden, waar de bomen echter weinig van te lijden hebben.

Vlinderrupsen hebben het niet op het suikersap, maar meteen op de hele bladeren en naalden voorzien. Bij individuele exemplaren kan dat de boompjes niets schelen, maar in regelmatige cycli komt het tot massale vermeerderingen. Iets dergelijks heb ik een paar jaar geleden in een eikenopstand van mijn district beleefd. Het was juni en de schrik sloeg me om het hart toen ik de bomen op de zuidhelling van een berg zag. Het fris uitgebotte loof was grotendeels verdwenen, het bos stond kaal voor me alsof het winter was. Toen ik uit mijn jeep stapte, hoorde ik een hard geruis alsof het stortregende. Maar aan het weer – de hemel was stralend blauw – kon het niet liggen. Nee, het waren de uitwerpselen van miljoenen rupsen van de eikenbladroller, die als zwarte balletjes met duizenden tegelijk tegen mijn hoofd en schouders sloegen – getver! Iets soortgelijks kun je elk jaar opnieuw in de grote dennenbossen van Oost- en Noord-Duitsland zien. De massale vermeerdering van vlindersoorten als het nonnetje of de dennenspanner wordt door de monotone productiebossen bevorderd. Meestal duiken er later virussen op waardoor de populatie weer instort.

De enorme vraat van de rupsen eindigt in juni met kale kronen, en de bomen mobiliseren dan hun laatste reserves om nog één keer uit te lopen. Dat lukt meestal goed, zodat er slechts een paar weken later nog nauwelijks iets van de vraataanval te zien is. De bomen groeien echter slechts matig, wat later in het hout zichtbaar is als een heel dunne jaarring. Worden ze twee tot drie jaar achter elkaar aangetast en helemaal ontbladerd, dan gaan veel van hen dood door uitputting. Dennen hebben naast de vlinderrups ook last van de dennenbladwesp. Voor de bomen is vooral de eetlust van de larven bepalend: er verdwijnen tot twaalf naalden per dag in hun bekjes, wat voor dennen snel een bedreiging vormt.

Hoe bomen met behulp van geurstoffen sluipwespen en andere rovers te hulp roepen om de plaag weer kwijt te raken, heb ik al beschreven in het hoofdstuk 'De taal van de bomen'. Er is nog een andere strategie, en die laat de vogelkers zien. Op haar bladeren bevinden zich nectarklieren, waar hetzelfde zoete sap uit komt als uit de bloesems. In dit geval is het bedoeld voor mieren, die hier nu een groot deel van de zomer doorbrengen. En net als wij mensen willen die insecten niet altijd alleen maar zoetigheid, maar tussendoor ook graag iets hartigs. Dat verschaffen ze zich in de vorm van rupsen, waardoor ze de kers van zijn ongewenste gasten bevrijden. Toch lukt dat niet altijd zoals de boom dat had gewild. De kinderen van de vlinder worden weliswaar uitgeroeid, maar soms hebben de mieren kennelijk niet genoeg aan de hoeveelheid sap die de blaadjes uitscheiden, en dus beginnen ze bladluizen te houden. Die beestjes prikken in de bladeren en als ze door de mieren met hun voelsprieten gemolken worden, geven ze hun druppelsgewijs suikerhoudend sap.

De gevreesde schorskevers gaan er helemaal voor. Ze zoeken verzwakte bomen uit en proberen zich daar te vestigen. Dat gaat volgens het 'alles of niets'-principe: ofwel de aanval van een individuele kever lukt en dan roept hij via een geurboodschap honderden soortgenoten te hulp, die de stam doden. Ofwel het eerste insect dat zich erin boort wordt door de boom gedood, waarmee het buffet voor alle anderen wordt afgeblazen. Waar ze allemaal op azen is het cambium, de glasheldere groeilaag tussen bast en hout. Dit is de plek waar de stam groeit: naar binnen worden hout- en naar buiten bastcellen gevormd. Het cambium is sappig en zit barstensvol suiker en mineralen. Het is zelfs voor mensen een soort noodvoeding, iets wat je in het voorjaar weleens kunt proberen. Vind je een pas door de wind gevelde spar, trek de bast er dan met je zakmes af. Strijk daarna met het vlakke mes over de stam en schil er stroken van een centimeter breed af. Cambium smaakt als wortel met een zachte harssmaak en is heel voedzaam. Dat vinden de schorskevers ook en daarom boren ze gangen in de bast om dicht bij die krachtbron hun eieren te leggen. Goed beschermd tegen vijanden kunnen de larven zich hier vet en rond eten. Gezonde sparren verweren zich met terpenen en fenolen die de kevers zelfs kunnen doden. En als dat ook niet lukt, kleven ze de insecten vast met harsdruppeltjes. Onderzoekers in Zweden kwamen er echter achter dat de kevers zich inmiddels hebben gewapend. Het zijn weer eens schimmels die zich op het lichaam van de beestjes bevinden en in hun kielzog bij het boren onder de bast terechtkomen. Daar wordt de chemische afweer van de sparren onschadelijk gemaakt en in ongevaarlijke stoffen veranderd. Omdat de schimmels sneller groeien dan de kevers kunnen boren, zijn ze die altijd een beetje voor. Daardoor komen de schorskevers op ontgift terrein en kunnen ze veilig eten.[34] Niets staat een massale vermeerdering nog in de weg en de jonge kevertjes, die met duizenden tegelijk uitkomen, kunnen ten slotte zelfs gezonde bomen aanvallen. Een dergelijke massale bestorming verdragen veel sparren niet.

Grote planteneters pakken het ruiger aan. Ze hebben dagelijks meerdere kilo's voedsel nodig, maar dat is diep in het bos schaars. Door lichtgebrek lopen de bomen nauwelijks uit en de sappige blaadjes hoog in de kronen zijn onbereikbaar. Daarom zijn er van nature maar weinig reeën en herten in dit ecosysteem. Hun kans is gekomen als er een oude boom omvalt. Vervolgens komt er een paar jaar licht op de bodem en kunnen er naast kleine boompjes korte tijd ook kruiden en grassen groeien. De dieren storten zich op die groene eilandjes, zodat de begroeiing al snel weer wordt gesnoeid. Met het licht komt de suiker en die maakt de jonge boompjes aantrekkelijk. Normaal gesproken bevatten hun kleine, kwijnende knopjes in het schemerlicht onder de moederbomen nauwelijks voedingsstoffen. Het kleine beetje dat ze nodig hebben om te overleven in de wachtstand wordt door hun ouders via hun wortels naar hen toe gepompt. Door suikergebrek smaken de knoppen bitter en taai, zodat elke ree ze links laat liggen. Komt er echter zon op de zachte blaadjes, dan bloeien ze helemaal op. De fotosynthese komt op gang, de bladeren worden krachtiger en sappiger; en de knoppen die zich tijdens de zomer voor het volgende voorjaar vormen, zijn dik en rijk aan voedingsstoffen. Dat moet ook wel, want de jonge bomen willen nu gas geven en snel omhoogschieten, voordat het lichtvenster zich weer sluit. Maar dat trekt de aandacht van de reeën, die zich de lekkernijen niet laten ontgaan. En nu ontbrandt er een wedloop van een paar jaar tussen de jonge bomen en de dieren. Lukt het de kleine beuken, eiken of dennen om zo snel te groeien dat de bekken van de dieren niet meer bij de belangrijke hoofdloot kunnen komen? Meestal zijn niet alle boompjes van een klein groepje de klos, zodat er altijd wel een paar exemplaren ongedeerd naar boven kunnen groeien. De exemplaren waarvan de top er toch uitgevreten is, groeien voortaan krom en bochtig. Ze zullen al snel door ongedeerde scheuten overgroeid worden en ten slotte door lichtgebrek doodgaan en weer tot humus worden.

Een qua omvang grote rover is de honingzwam, waarvan de onschuldig ogende vruchtlichamen in de herfst vaak op boomstronken verschijnen. Maar de zeven, lastig van elkaar te onderscheiden, inheemse honingzwamsoorten zijn geen bomenvrienden, integendeel: met hun mycelium, de ondergrondse witte uitlopers, dringen ze de wortels van sparren, beuken, eiken en andere boomsoorten binnen. Ten slotte groeien ze onder de bast naar boven, waar ze waaierachtige, witte structuren vormen. Wat ze roven, eerst vooral suiker en voedingsstoffen uit het cambium (de binnenste bastlaag), wordt in dikke strengen weggevoerd. Die wortelachtige, zwarte leidingen zijn iets bijzonders in het rijk van de zwammen. De honingzwammen stellen zich echter niet tevreden met de zoete stoffen, want daarna eten ze ook hout, waardoor hun gastboom gaat rotten. Aan het eind van het proces gaat die uiteindelijk dood.

Stofzaad, dat familie van de heide is, pakt het veel subtieler aan. Het bezit geen enkel loof en als het uitloopt, vormt het alleen een onopvallende, lichtbruine bloem. Een plant die niet groen is, bevat geen chlorofyl (bladgroen) en kan dus ook geen fotosynthese bedrijven. Stofzaad is daarom op de hulp van vreemden aangewezen. Het smokkelt zich binnen tussen de mycorrhizazwammen – de helpers van de boomwortels – en omdat het geen licht nodig heeft, kan dat zelfs onder de donkerste sparrenopstanden zijn. Daar tapt stofzaad de voedingsstofstromen af die tussen schimmels en bomen stromen en neemt er zijn portie van. Op soortgelijke wijze, maar bijna een beetje schijnheilig, doet boszwartkoren het. Dat is eveneens dol op sparren en haakt aan bij het wortel-zwamsysteem om ongevraagd mee te gaan eten. Zijn bovengrondse delen zijn immers, zoals dat voor planten kenmerkend is, groen en kunnen inderdaad een beetje licht en CO_2 in suiker omzetten. Meer dan een alibi is het echter niet.

Bomen hebben nog aanzienlijk meer te bieden dan alleen voeding. Jonge exemplaren worden door dieren misbruikt als schuurapparaat. Reebokken en hertenbokken moeten hun jaarlijks aangroeiende gewei ontdoen van de huid, de zogenaamde bastlaag. Daarvoor zoeken ze een boompje uit dat dik genoeg is om niet snel af te breken, maar nog wel een beetje buigzaam is. Hierop reageren de heren der schepping zich dagenlang af, tot het laatste jeukende stukje huid er afgeschuurd is. De bast van het boompje is dan ook ontveld, zodat het daarna vaak doodgaat. Bij de keuze van de boomsoort nemen reeën en herten zeldzame bomen. Of ze nu een spar, beuk, den of eik nemen, het is telkens een boom die plaatselijk zeldzaam is. Wie zal het zeggen: misschien werkt de geur van de afgewreven bast wel als een exotisch parfum. Bij ons gaat het immers net zo: wat zeldzaam is, is begeerd.

Maar als de diameter van de stam tien centimeter bedraagt, is het spel wel voorbij. Bij de meeste boomsoorten is de bast dan zo dik dat ze niet langer bezwijken door de onstuimige geweidragers. Bovendien zijn ze nu zo stabiel dat ze niet meer meegeven en niet meer tussen de uiteinden van de horens passen. Maar in elk geval hebben herten nog een andere behoefte. Normaal gesproken zouden ze helemaal niet in het bos leven, want als voeding hebben ze hoofdzakelijk gras nodig. Omdat dat in een natuurlijk bos echt een grote zeldzaamheid is, die bovendien haast nooit voorkomt in de hoeveelheden die een hele kudde nodig heeft, blijven de majestueuze dieren liever op het grasland. Maar in de rivierdalen, waar door hoogwater steeds weer open grasland wordt geschapen, leven wij mensen al. Elke vierkante meter wordt ofwel voor stedelijke bewoning ofwel voor de landbouw gebruikt. Daarom hebben de herten zich teruggetrokken in het bos, dat ze hoogstens 's nachts verlaten. Maar als typische planteneters hebben ze vierentwintig uur per dag vezelrijke voeding nodig. Als er niets anders te halen is, vergrijpen ze zich bij nood ook aan boombast. In de zomer, als de boom vol water zit, kan zijn huid er gemakkelijk afgeschild worden. De dieren bijten er met hun snijtanden in (die ze alleen in hun onderkaak hebben) en pellen hele bomen van onder naar boven af. In de winter, als de bomen slapen en de bast droog is, lukt het alleen om er kleine snippers uit te knagen. Hoe het ook zij: dit is voor bomen niet alleen uiterst pijnlijk, maar ook levensgevaarlijk. Want door de enorme open wonden dringen schimmels op een groot oppervlak binnen en tasten het hout in hoog tempo aan. Het snel sluiten daarvan door overgroeiing is door de grootte van de wonden niet meer mogelijk. Is de boom onder oerbosomstandigheden – dus mooi langzaam – opgegroeid, dan kan hij zelfs zulke ernstige tegenslagen doorstaan. Zijn hout vertoont slechts kleine jaarringen, is taai en dicht en maakt het de binnendringende schimmels heel lastig. Ik heb al vaker zulke jonge bomen gezien, die er na tientallen jaren toch in slaagden de wond te sluiten. Bij de geplante boomsoorten van onze productiebossen is dat echter anders. Die zijn in de regel heel snel gegroeid en hebben grote jaarringen, waardoor er in het hout veel lucht zit. Lucht en vochtigheid zijn ideaal voor schimmels. En zo gebeurt het onvermijdelijke: al op middelbare leeftijd breekt de beschadigde boom af. Hij kan alleen de veel kleinere wonden uit de winter weer sluiten zonder dat het langdurige gevolgen heeft.

Sociale woningbouw

Zelfs als de bomen voor alle hiervoor beschreven doeleinden al te dik zijn, blijven dieren ze vrolijk verder gebruiken. De woudreuzen zijn gewilde woningen, een dienst die ze echter niet vrijwillig aanbieden. Want vooral de dikke stam van oude exemplaren is geliefd onder vogels, marters en vleermuizen. Dik omdat de wanden daardoor sterk zijn en goed tegen warmte en kou isoleren. Het begin wordt vaak gemaakt door een bonte of zwarte specht. Die hakt een gat in de stam, dat slechts een paar centimeter diep is. In tegenstelling tot de wijdverspreide mening dat die vogels alleen in rotte bomen zouden bouwen, zoeken ze juist vaak gezonde exemplaren uit. Zeg nou zelf: zou jij in een bouwvallig huis trekken als je ernaast een nieuw huis mocht bouwen? Ook spechten willen dat hun nesthol duurzaam en stabiel is. En hoewel ze flink op het gezonde hout inhakken, zou het te veel van hen vergen om het snel af te maken. Daarom nemen ze na het eerste deel een pauze van maanden, hopend op de hulp van schimmels, voor wie dit een welkome uitnodiging is, want normaal kunnen ze de bast niet binnendringen. Maar op deze manier vestigen ze zich snel in de opening en beginnen ze het hout aan te tasten. Voor de boom is dat een dubbele aanval, voor de specht is het een kwestie van werkverdeling. Want na een tijdje zijn de vezels zo zacht dat het veel gemakkelijker is om verder te bouwen. En op een dag is het dan zover en is het hol klaar om betrokken te worden. Voor de zwarte specht, die zo groot is als een kraai, is dat nog niet voldoende en dus timmert hij meerdere holen tegelijk. In het ene broedt hij, in het andere slaapt hij, en weer andere holen dienen voor verandering van omgeving. Elk jaar worden de holen opgefrist, wat je kunt zien aan de houtspaanders aan de voet van de bomen. Dat opfrissen is nodig omdat de binnengedrongen schimmels zich niet meer laten stoppen. Ze vreten zich steeds dieper in de stam, waardoor het hout vermolmt en vochtig wordt, en je er niet meer zo goed in kunt broeden. Gooit de specht die rommel eruit, dan wordt het hol een stuk groter. Op een gegeven moment is het dan te groot en vooral te diep voor de jonge vogeltjes, die voor hun eerste vlucht immers uit de ingang moeten klimmen. Dit is het moment waarop de volgende huurders aan bod komen. Dat zijn soorten die zelf niet in hout kunnen bouwen. Zoals de boomklever, een vogel die op de specht lijkt, maar kleiner is. Hij hamert net zo op dood hout om keverlarven te bemachtigen. Zijn nest bouwt hij graag in de oude holen van bonte spechten. Daarbij heeft hij echter een probleem. Doordat het vlieggat voor hem te groot is, zouden zijn vijanden binnen kunnen dringen en zijn broedsel kunnen roven. Om dat te voorkomen, verkleint hij het met leem, dat hij vernuftig om de rand heen kit. Over vijanden gesproken: bomen bieden hun onderhuurders ongewild een speciale service, die met hun houteigenschappen te maken heeft. Houtvezels geleiden geluid goed en dat is de reden waarom van dit materiaal muziekinstrumenten als violen of gitaren worden gemaakt. Hoe goed het geleidt, kun je met een eenvoudig experiment zelf testen. Leg je oor op het dunste eind van een gevelde lange stam en vraag iemand anders om aan het dikste einde zachtjes met een steentje te kloppen of te krassen. Dat is door de stam heen verbazingwekkend duidelijk te horen, terwijl het stil is zodra je je hoofd weer weghaalt. Dat principe benutten vogels in boomholen als alarminstallatie. Dan worden de geluiden echter niet veroorzaakt door onschuldige klopsignalen, maar door de klauwtjes van marters of eekhoorns. Dat is hoog boven in de boom te horen, waardoor de vogels de kans hebben om te vluchten. Zit het nest vol jongen, dan kunnen ze in elk geval proberen de aanvaller af te leiden, wat echter vaak niet lukt. Maar dan blijven de ouderdieren tenminste wel in leven en kunnen ze het verlies door een tweede broedsel compenseren.

Voor vleermuizen speelt dat minder, die hebben heel andere zorgen. De kleine zoogdiertjes hebben veel holtes tegelijk nodig om hun jongen groot te brengen. Bij de langoorvleermuis worden de jongen door kleine groepen wijfjes grootgebracht. Ze leven maar een paar dagen in hetzelfde onderkomen, voordat de volgende verhuizing alweer geboden is. De reden hiervoor zijn parasieten. Zouden ze het hele seizoen in dezelfde holte wonen, dan konden die zich explosief vermeerderen en de gevleugelde nachtelijke jagers tot bloedens toe pijnigen. De vleermuizen verhinderen dat door met korte tussenpozen te verhuizen, de parasieten laten ze simpelweg achter.

Uilen passen niet zo goed door spechtgaten en moeten daarom nog een paar jaar geduld hebben. Want in die periode blijft de boom rustig doorrotten en soms opent de stam zich daarbij verder, zodat de opening groter wordt. Vaak wordt het proces bespoedigd doordat de specht een hele rij gaten dicht boven elkaar heeft gemaakt: een flat van spechtenholen. Door rottingsprocessen gaan ze geleidelijk aan vloeiend in elkaar over, en dan zijn ze op een gegeven moment rijp voor de bosuil en aanverwante dieren.

En de boom? Die probeert zich wanhopig te verweren. Maar eigenlijk is het sowieso te laat om nog tegen schimmels op te treden, want de deur stond al jarenlang wagenwijd voor hen open. Maar de boom kan zijn levensduur aanzienlijk verlengen als het hem lukt om in elk geval de verwondingen aan de buitenkant onder controle te krijgen. Lukt hem dat, dan rot hij vanbinnen weliswaar door, maar is hij toch zo stabiel als een holle stalen buis en kan hij nog honderd jaar verder leven. Die reparaties kun je herkennen aan de verdikkingen om de spechtgaten heen. Heel af en toe lukt het een boom inderdaad om de ingangen langzamerhand te sluiten. Maar meestal hakt de klusser het verse hout meedogenloos weer weg.

De rottende stam wordt nu het thuis van complete levensgemeenschappen. Er vestigen zich bijvoorbeeld houtmieren, die het muffe hout kapot knagen en er kartonachtige nesten van maken. De wanden doordrenken ze met honingdauw: de suikerachtige uitscheiding van bladluizen. Op dat substraat gedijen schimmels die het nest met hun weefsels stabiliseren. Talloze keversoorten zijn op het molm aangewezen, het rottende materiaal binnen in de holte. Doordat hun larven jarenlang over hun ontwikkeling doen, hebben ze langdurig stabiele omstandigheden nodig, dus bomen die er tientallen jaren over doen om dood te gaan en daardoor lang behouden blijven. Om die reden blijven de holtes aantrekkelijk voor schimmels en andere insecten, die ervoor zorgen dat er vanboven continu een regen van uitwerpselen en houtkruimels in het molm dwarrelt. Ook vleermuizen, uilen en zevenslapers laten hun uitwerpselen in de donkere diepte naar beneden vallen. Daardoor wordt het molm voortdurend verrijkt met nieuwe voedingsstoffen, waar bijvoorbeeld de roodhalskniptor van leeft.[35] Of de larven van de heremietkever, een tot vier centimeter grote, zwarte kever. De heremietkever heeft helemaal geen zin in lopen en brengt het liefst zijn hele leven in zijn donkere hol aan de voet van een rottende stam door. En omdat hij nauwelijks vliegt of loopt, kan het zijn dat vele generaties van een familie tientallen jaren in dezelfde boom leven. Nu is meteen duidelijk waarom het zo belangrijk is om die oude bomen te behouden. Als ze opgeruimd worden kunnen de zwarte beestjes niet zomaar een paar kilometer verder naar het volgende exemplaar lopen, want daar hebben ze simpelweg de puf niet voor.

Zelfs als de boom op een dag de strijd moet opgeven en tijdens een storm afbreekt, is hij toch heel waardevol voor de gemeenschap geweest. Ook al zijn de verschillende samenhangen nog niet helemaal onderzocht, we weten wel dat de vergroting van soortenrijkdom gepaard gaat met de stabilisering van het ecosysteem van het bos. Hoe meer soorten je hebt, hoe minder één soort zich ten koste van de andere kan uitbreiden, omdat er telkens meteen een tegenspeler ten tonele verschijnt. En zelfs een dode boom kan alleen door zijn aanwezigheid al waardevolle diensten voor de waterhuishouding van de levende bomen leveren, zoals we in het hoofdstuk 'Houten airco' zagen.

Moederschepen van de biodiversiteit

De meeste dieren die op bomen zijn aangewezen, doen die geen kwaad. Ze gebruiken de stammen of de kronen slechts als bijzondere biotoop, die door de verschillende vochtigheidszones en lichtomstandigheden kleine ecologische niches schept. Hier vinden talloze specialisten hun thuis. Met name de bovenste etages van het bos zijn nauwelijks onderzocht, omdat wetenschappers daar alleen met dure kraan- of torenconstructies onderzoek kunnen doen. Om de kosten te drukken worden er soms krasse methoden ingezet. Zo bespoot de boomonderzoeker dr. Martin Großner een paar jaar geleden de met zijn 600 jaar oudste en met zijn 52 meter hoogte en twee meter diameter (op borsthoogte) imposantste boom van het Nationale Park Beierse Woud. Hij gebruikte het middel pyrethrum, een insecticide, waardoor alle spinnen en insecten die in de kroon leefden dood op de bodem neervielen. Wel werd op die manier duidelijk hoe veelsoortig het leven daarboven is. De onderzoeker telde 2.041 dieren, die in 257 soorten konden worden onderverdeeld.[36]

Er zijn zelfs speciale vochtbiotopen in de kronen te vinden. Als een stam zich vorkt tot een gaffel, dan blijft daar regenwater staan. In die piepkleine plasjes leven muggenlarven waar zeldzame keversoorten van leven. Lastiger wordt het voor dieren als de neerslag zich in de holtes van de stam verzamelt. Daar is het donker en het muf-troebele vocht bevat heel weinig zuurstof. Larven die zich in het water ontwikkelen, kunnen onder zulke omstandigheden niet ademen. Of ze zouden een snorkel moeten bezitten, zoals de jongen van de kleine woudzwever. Die kunnen hun luchtpijp als een telescoop uitklappen en daardoor in de piepkleine plasjes overleven. Omdat zich daar behalve bacteriën amper iets roert, leven de larven daar waarschijnlijk van.[37]

Niet elke boom wordt door spechten uitverkoren om een nestholte in uit te hakken en verrot op een gegeven moment vanbinnen, lang niet alle bomen kwijnen langzaam weg om zo vele gespecialiseerde soorten bijzondere biotopen te bieden. Of het nu een storm is waardoor de kolossale stam breekt, of schorskevers zijn die binnen een paar weken de bast verwoesten en de bladeren laten verdorren, bij veel exemplaren is het leven in één klap voorbij. Daarmee verandert ook het ecosysteem de boom ingrijpend. Dieren en schimmels die op een continue bevoorrading van vocht door de boomaderen of van suiker uit de kroon zijn aangewezen, moeten de dode boom verlaten of gaan zelf ook dood. Een kleine wereld is opgehouden te bestaan. Of juist net begonnen?

'Und wenn ich geh, dann geht nur ein Teil von mir' – die zin uit een schlager van Peter Maffay had een boom kunnen schrijven. Want het dode lichaam is voor het kringloopsysteem van het bos nog steeds onontbeerlijk. Hij heeft eeuwenlang voedingsstoffen uit de bodem gezogen en in hout en bast opgeslagen, en vormt daardoor een kostbare schat voor zijn kinderen. Maar die kunnen niet zomaar bij die heerlijkheden komen en hebben daarvoor de hulp van andere organismen nodig. Zodra de afgebroken stam tegen de grond is geslagen, begint aan stam en wortels een culinaire estafette voor ontelbaar veel schimmel- en insectensoorten. Allemaal

zijn ze gespecialiseerd in een bepaald stadium van ontbinding en daarbinnen weer in bepaalde onderdelen. Daarom kunnen die soorten voor levende bomen ook nooit een gevaar vormen – die zijn hun veel te vers. Half vergane houtvezels, rotte en vochtige cellen: die smaken hun voortreffelijk. Voor de maaltijden en hun algehele ontwikkeling nemen ze veel tijd, zoals het vliegend hert laat zien. Hij leeft maar een paar weken als volwassen insect om te paren. De meeste tijd brengt het dier door als larve en vreet zich langzaam door verkruimelende loofhoutwortels heen. Hij heeft er tot acht jaar voor nodig om zich op een dag vet en rond te kunnen verpoppen.

Minstens zo langzaam zijn consolezwammen. Die heten zo omdat ze als een plank in de vorm van een half bord aan de afgestorven stam zitten. Een vertegenwoordiger daarvan is de roodgerande boomzwam. Die voedt zich met de witte cellulosevezels van het hout en laat na zijn maaltijd bruine, brokkelige klontjes achter. Zijn vruchtlichaam, het genoemde halve bord, plakt altijd mooi horizontaal tegen de stam. Alleen op deze manier is gewaarborgd dat uit de buisjes aan de onderkant sporen kunnen dwarrelen, waardoor hij zich kan voortplanten. Kiept de vermolmde boom op een dag om, dan verzegelt de zwam de buisjes en groeit voortaan dwars op het bestaande vruchtlichaam verder, om een nieuw horizontaal bord te kunnen vormen.

Tussen sommige zwammen vindt een verbitterde strijd om de voedingsgronden plaats, zoals je goed aan opengezaagd dood hout kunt zien: hier zie je gemarmerde structuren van lichter en donker weefsel die door zwarte lijnen scherp van elkaar zijn gescheiden. De verschillende kleurschakeringen zijn afkomstig van verschillende zwamsoorten die zich door het hout heen werken. Hun territorium bakenen ze tegenover andere soorten af met donkere, ondoordringbare polymeren: zo wordt voor onze ogen de gevechtslinie duidelijk zichtbaar.

In totaal is een vijfde van alle planten- en diersoorten aangewezen op dood hout, wat rond 6.000 tot dusverre bekende soorten zijn.[38]

Hun nut mag dan in de reeds genoemde recycling van voedingsstoffen liggen, maar kunnen ze voor een bos ook gevaarlijk worden? Ze zouden tenslotte op het idee kunnen komen om bij gebrek aan dood hout simpelweg levende bomen op te eten. Telkens weer hoor ik die zorg van bosbezoekers, en ook sommige particuliere bosbezitters halen om die reden elke afgestorven stam weg. Maar dat is niet nodig. Door die te verwijderen worden er alleen nodeloos waardevolle leefgebieden verwoest, want doodhoutbewoners weten met levende bomen helemaal niets aan te vangen. Het hout is niet zacht genoeg, het is te vochtig en bevat te veel suiker. Bovendien verzetten beuken, eiken of sparren zich tegen de kolonisatie. Gezonde bomen weten in hun natuurlijke verspreidingsgebied tegen bijna elke aanval stand te houden – als ze goed gevoed zijn. En een bijdrage daaraan levert nu eenmaal de armada van kleine wezentjes, zolang die een basis voor hun bestaan aantreffen. Soms is dood hout zelfs voor de bomen direct van belang, want de liggende stam kan de wieg voor hun eigen kinderen zijn. Zaailingen van sparren kiemen vooral goed op het dode lichaam van hun ouders. Het zachte, rotte hout kan heel goed water opslaan, en een deel van zijn voedingsstoffen komt door schimmels en insecten alweer vrij. Er rijst alleen een heel klein probleempje: de stam blijft als vervangende aarde niet blijvend behouden, maar wordt telkens verder afgebroken tot hij op een dag compleet tot humus is geworden en dus in de bodem is verdwenen. En wat gebeurt er dan met de boompjes? Hun wortels komen steeds meer bloot te liggen en verliezen daarbij hun steun. Maar omdat dat proces zich uitstrekt over tientallen jaren, volgen de uitlopers het afgebroken hout in de bodem. De stam van sparren die op die manier zijn opgegroeid, staat vervolgens op stelten; en de hoogte daarvan laat zien wat de diameter van de vroegere, liggende moederboom is geweest.

Winterslaap

In de nazomer heerst er een eigenaardige stemming in de bossen. Kronen hebben hun weelderige groen verruild voor een verwassen geelgroen. Steeds meer bomen lijken moe te worden en uitgeput op het einde van een inspannend seizoen te wachten. Net als bij ons na een drukke dag, staat hun nu een welverdiende pauze te wachten.

Dat bruine beren een winterslaap houden weten we, en hazelmuizen ook, maar bomen? Kennen die wel zoiets als een rustperiode, vergelijkbaar met onze nachtrust? De bruine beer is heel geschikt als vergelijkingsmateriaal, want die beschikt over een soortgelijke strategie. In de zomer en het begin van de herfst vreet hij zich rond voor een dikke speklaag om daar in de winter op te teren. Onze boomsoorten doen exact hetzelfde. Ze eten natuurlijk geen bosbessen of zalm, maar ze tanken flink wat zon en vormen met behulp daarvan suiker en andere reservestoffen. En die slaan ze net als de beer op in hun huid. Omdat ze geen speklaag kunnen kweken, alleen het hout goed kunnen voorzien van voedingsstoffen, zorgen ze ervoor dat al hun reservoirs goed gevuld zijn. En terwijl de beer gewoon doorgaat met eten en alles verorbert wat hij voor zijn neus krijgt, zijn bomen op een gegeven moment wel verzadigd. Vooral bij wilde kersen, vogelkersen of elsbessen kun je dat vanaf augustus heel goed zien. Hoewel ze nog veel mooie zondagen tot oktober zouden kunnen benutten, beginnen ze rood te verkleuren. Dat betekent niets anders dan dat ze de tent voor dit jaar sluiten. Hun tanks onder de bast en in de wortels zitten vol, extra suikerproductie zouden ze niet meer kwijt kunnen. Terwijl de beer vrolijk verder eet, gaan deze soorten al onder zeil. De meeste andere soorten hebben kennelijk grotere reservoirs en bedrijven hongerig en zonder onderbreking fotosynthese tot de eerste strenge vorst. Nu moeten ook zij stoppen en al hun activiteiten staken. Een van de redenen is het water. Dat moet in vloeibare toestand zijn, wil de boom kunnen functioneren. Bevriest zijn 'bloed' dan werkt er niets meer, integendeel zelfs. Als het hout helemaal bevriest kan het, als het te nat is, zelfs als een waterleiding springen. Daarom beginnen de meeste soorten al vanaf juli de vochtigheid en daarmee al hun activiteiten langzamerhand te verminderen. Helemaal overschakelen op de winterstand kunnen ze om twee redenen echter nog niet. Ten eerste is het belangrijk (tenzij je tot de familie van de kers behoort) om de laatste warme nazomerdagen te gebruiken om kracht te tanken, en ten tweede moeten er bij de meeste soorten bomen nog reservestoffen uit de bladeren teruggehaald worden, de stam en de wortels in. Vooral het bladgroen, het chlorofyl dus, wordt in zijn bestanddelen ontbonden zodat het het volgende voorjaar weer in grote hoeveelheden in het nieuwe loof kan worden ingebracht. Wordt die kleurstof weggepompt, dan komen er gele en bruine kleuren tevoorschijn, die ook daarvoor al in het blad aanwezig waren. Die bestaan uit carotenen en hebben mogelijk een waarschuwingsfunctie. Bladluizen en andere insecten zoeken rond die tijd een schuilplaats in spleten in de bast om zich te beschermen tegen lage temperaturen. Gezonde bomen maken hun paraatheid om zich te verdedigen voor het komende voorjaar duidelijk via felgetinte herfstbladeren.[39] Voor de nakomelingen van bladluis en consorten zou dat ongunstig zijn, omdat zulke exemplaren hevig met gif kunnen reageren. Daarom zoeken ze minder kleurige en zwakkere bomen uit.

Maar waarom al die moeite? Veel naaldbomen geven immers het voorbeeld hoe het anders kan. Zij houden de hele groene pracht gewoon aan hun takken en hebben lak aan de jaarlijkse vernieuwing. Om te voorkomen dat hun naalden bevriezen, slaan ze antivriesmiddel op. Om ervoor te zorgen dat hij in de winter geen water verdampt, bedekt de boom de oppervlakte van zijn naalden met een dikke waslaag. Bovendien is de huid daarvan stevig en hard, en de kleine ademopeningen zijn extra diep in de oppervlakte verzonken. Alle maatregelen bij elkaar voorkomen op effectieve wijze dat er water verloren gaat. Want als dat wel zou gebeuren, zou dat een drama zijn, omdat er uit de bevroren bodem geen bevoorrading meer komt, waardoor de boom dus zou uitdrogen en vervolgens van de dorst om zou kunnen komen.

Loof daarentegen is zacht en slap, dus zo goed als weerloos. Geen wonder dat beuken en eiken, zodra de vorst nadert, snel hun bladeren laten vallen. Maar waarom hebben die soorten in de loop van de evolutie eigenlijk niet ook een dikker omhulsel en antivries ontwikkeld? Heeft het wel zin om elk jaar per boom tot een miljoen blaadjes nieuw te vormen, die slechts een paar maanden te gebruiken en ze dan met veel moeite weer kwijt zien te raken? De evolutie heeft kennelijk een bevestigend antwoord op die vraag gegeven, want toen rond 100 miljoen jaar geleden de loofbomen ontstonden, bevonden de naaldbomen zich al 170 miljoen jaar op deze planeet. Loofbomen zijn dus een betrekkelijk moderne ontwikkeling. Als je er beter naar kijkt is hun gedrag in de herfst inderdaad heel zinvol. Ze weten daarmee te ontsnappen aan een beslissende kracht: de winterstormen. Als die vanaf oktober door de bossen blazen, is het voor veel bomen erop of eronder. Vanaf 100 km/u kunnen de winden grote exemplaren vellen, een snelheid die in veel jaren elke week wordt bereikt. Door regenval in de herfst is de bodem heel zacht geworden, zodat de wortels in de weke aarde nauwelijks houvast vinden. Aan een volgroeide stam trekt de storm met krachten van omgerekend een gewicht van 200.000 kilo. Ben je slecht voorbereid, dan houd je dat niet vol en kiep je om. Maar loofbomen zijn wel goed voorbereid. Om zich beter te stroomlijnen, werpen ze al hun zonnepanelen af. Zo verdwijnt hun enorme totale oppervlakte van 1.200 vierkante meter[40] en valt op de bodem van het bos. Omgerekend zou dat zijn alsof een zeilschip met een 40 meter hoge mast zijn hoofdzeil van 30 bij 40 meter zou strijken. Maar dat is nog niet alles. Stam en takken zijn zo gevormd dat de luchtweerstandscoëfficiënt deels onder die van een moderne auto ligt. Bovendien is de hele constructie zo flexibel, dat de krachten bij een harde windstoot verend worden opgevangen en over de boom worden verdeeld. Al die maatregelen bij elkaar zorgen ervoor dat loofbomen in de winter zelden iets overkomt. Bij buitengewoon sterke orkanen, zoals die slechts om de vijf of zeven jaar voorkomen, helpt de boom de gemeenschap. Elke stam is anders en laat zijn eigen geschiedenis, en daarmee ook zijn individuele houtnerfstructuur, zien. Dat leidt ertoe dat elke boom na de eerste windvlaag, waardoor alle bomen tegelijkertijd dezelfde kant op buigen, met een andere snelheid terugveert. En meestal zijn het de volgende windvlagen die een boom de das omdoen, omdat hij midden in een heftige schommeling opnieuw ombuigt – en ditmaal nog verder. Maar in een ongerept bos krijgt iedereen hulp. Zwiepen de kronen terug, dan slaan ze tegen elkaar aan, omdat ze immers in hun eigen ritme terugzwaaien. Terwijl de ene nog naar achteren beweegt, wiegt de andere alweer naar voren. Het gevolg is een zachte botsing, die ervoor zorgt dat beide bomen worden afgeremd. Komt de volgende windstoot, dan zijn ze al bijna tot stilstand gekomen, en begint het gevecht opnieuw. Het is altijd weer fascinerend om het spel van de kronen te zien en tegelijkertijd de sociale gemeenschap en haar leden gade te slaan. Afgezien van het feit natuurlijk dat het niet aan te raden is om bij storm het bos in te gaan.

Terug naar het vallen van de bladeren. Dat het zin heeft, dat de krachtsinspanning van de jaarlijkse nieuwe productie loont, bewijzen de bomen elke winter die ze doorstaan hebben opnieuw. Deze brengt namelijk nog heel andere gevaren met zich mee. Zoals sneeuw. Zijn de genoemde 1.200 vierkante meter bladoppervlak verdwenen, dan kan de witte deken alleen op de takken worden gelegd, wat betekent dat het grootste deel ertussendoor valt, op de grond. IJs kan zelfs nog grotere lasten dan sneeuw veroorzaken. Een temperatuur iets onder het vriespunt met lichte motregen, dat mocht ik een paar jaar geleden ervaren. Drie dagen hield dat ongebruikelijke weer aan, en met het uur maakte ik me meer zorgen om het bos. Want de neerslag zette zich binnen een paar seconden op de bevroren takken af en verzwaarde die zienderogen. Het zag er prachtig uit: alle bomen werden in een glaslaagje gehuld. De jonge berkenbosjes bogen daarbij collectief om, en ik had ze met pijn in het hart al afgeschreven. Bij de volwassen bomen waren het vooral de naaldbomen, vooral douglassparren en sparren, die tot twee derde van hun groene kroontakken verloren, die met een harde knal afbraken. De bomen raakten daardoor ernstig verzwakt en het zal nog tientallen jaren duren voor hun kronen weer volledig zijn hersteld.

De omgebogen jonge berken verrasten me echter: toen het ijs een paar dagen later weer ontdooide, richtte 95 procent van de stammen zich weer op. Nu, een paar jaar later, kun je bijna niets meer aan de berken zien. Natuurlijk waren er toch een aantal die er niet in slaagden zich weer omhoog te werken. Die zijn doodgegaan, hun vermolmde stammen zijn op een gegeven moment gebroken en veranderen nu langzaam in humus.

Het afvallen van de bladeren is dus een effectieve beschermingsmaatregel en sluit naadloos aan bij het klimaat in onze streken. En bovendien is het voor de bomen eindelijk een gelegenheid om een keer naar de wc te gaan. Net als wij voor we naar bed gaan nog even het kleinste kamertje bezoeken, ontdoen ook zij zich van overtollige stoffen die ze willen uitscheiden. Het afstoten van het blad is een actief proces, de boom mag daarbij dus nog niet slapen. Nadat de reservestoffen zijn teruggestroomd in de stam, vormt die een scheidingslaag die de verbinding met de takken doorsnijdt. Nu is slechts een klein briesje genoeg om de bladeren naar beneden te laten dwarrelen. Pas daarna kan de boom gaan rusten. En dat moet hij ook, om zich te herstellen van de vermoeienissen van het voorafgaande seizoen. Slaapgebrek heeft bij bomen een soortgelijke uitwerking als bij ons mensen: dat is levensgevaarlijk. Dat is de reden waarom eiken of beuken in potten in onze woonkamers niet kunnen overleven. Wij laten ze immers niet tot rust komen en dus gaan ze meestal het eerste jaar al dood.

De bomenkinderen, die in de schaduw van hun ouders staan, vertonen een paar duidelijke afwijkingen van de standaardprocedure voor het vallen van de bladeren. Als de moederboom haar blad verliest, komt er ineens behoorlijk wat zonlicht op de bodem. Daarom wachten de jonkies dat moment af en tanken in het felle licht veel energie. Meestal worden ze daarbij verrast door de eerste vorst. Ligt die flink onder het vriespunt, bijvoorbeeld nachtvorst vanaf -5 °C, dan worden alle boompjes vanzelf moe en beginnen aan hun winterslaap. De vorming van een scheidingslaag is dan niet meer mogelijk, waardoor het uitgesloten is om het blad te laten vallen. Voor de piepkleine boompjes is dat om het even. Door hun geringe grootte kan geen enkele wind hen in gevaar brengen, en zelfs sneeuw is maar heel zelden echt een probleem. In het voorjaar benutten de jonge boompjes dezelfde kans nog een keer. Twee weken voor de grote bomen lopen ze uit en verzekeren zich daarmee van een uitgebreid zonontbijt. Maar hoe weet het kroost wanneer het aan de slag kan? Het kent immers het tijdstip niet waarop de moederbomen willen uitlopen. Dat komt door de milde temperaturen dicht bij de bodem, die de lente ongeveer twee weken eerder inluiden dan 30 meter hoger in de kronen. Daar vertragen gure winden en steenkoude nachten het warme jaargetijde nog een beetje. De oude bomen houden alleen al door hun beschermende takken hevige, late vorst aan de grond binnen de perken; de looflaag op de aarde werkt als een verwarmende composthoop, waardoor de thermometer een paar graden stijgt. Samen met de in het najaar gewonnen dagen, krijgt het nageslacht een maand de tijd om ongehinderd te groeien – dat is bijna 20 procent van de vegetatietijd.

Loofbomen zijn op verschillende manieren spaarzaam. Vóór het afvallen van het blad worden de reservestoffen teruggetrokken in de takken. Maar een paar bomen lijkt dat helemaal niets te kunnen schelen. Zo gooien elzen vrolijk hun donkergroene blaadjes af alsof er geen morgen zou zijn. Ze staan meestal ook op moerasachtig-voedselrijk terrein en kunnen zich kennelijk de luxe permitteren om het chlorofyl elk jaar opnieuw te produceren. De basisstoffen daarvoor worden immers onder hun voeten door schimmels en bacteriën uit de oude bladeren gerecycled en kunnen vervolgens weer door de wortels worden opgenomen. Ook kunnen ze afzien van de terugvoering van stikstof, want ze leven in symbiose met knolletjesbacteriën, waarvan hun er continu voldoende ter beschikking staan. Per jaar en per vierkante kilometer elzenbos kunnen de kleine helpers tot 30.000 kilo aan de lucht onttrekken en vervolgens aan de wortels van hun vrienden de bomen ter beschikking stellen.[41] Dat is meer dan de meeste boeren als mest op hun velden strooien. Terwijl veel soorten proberen zuinig aan te doen, lopen de elzen te koop met hun rijkdom. De es en de vlierbes doen het net zo. Doordat ze hun bladeren groen afwerpen dragen deze verkwisters niets bij aan de herfstkleuren van de bossen – want kleurig zijn alleen de zuinigaards. Maar dat klopt niet helemaal. Geel, oranje en rood komen door het terugtrekken van het chlorofyl tevoorschijn, maar ook die carotenoïden en anthocyanen worden vervolgens ontbonden. De eik is zo'n voorzichtige soort die zijn boeltje helemaal pakt en alleen maar bruin blad afwerpt. Bij de beuk zit alles tussen bruin en geel erbij, terwijl kersen roodachtige bladeren verliezen.

Komen we nog een keer terug op de naaldbomen, die ik in dit verband wat stiefmoederlijk heb behandeld. Ook hier is er een kandidaat die zijn bladeren net als een loofboom laat vallen: de lariks. Waarom die uitgerekend op datzelfde principe vertrouwt en alle andere naaldbomen niet, is me niet bekend. Misschien is de evolutionaire race om de beste overwinteringsmethode nog niet beslist. Want het handhaven van de naalden biedt weliswaar startvoordelen in het voorjaar, omdat de bomen meteen en zonder omslachtig uitlopen aan de slag kunnen. Maar er verdrogen vaak ook veel scheuten doordat de grond nog bevroren is en de kroon in de lentezon al flink wordt opgewarmd en met fotosynthese begint. Vooral de naalden uit het voorafgaande jaar, die nog geen dikke waslaag hebben, worden dan slap, omdat ze de verdamping niet kunnen remmen als ze het gevaar hebben opgemerkt.

Verder verwisselen ook sparren, dennen, zilverdennen en

douglassparren hun naalden, want ook zij moeten immers naar de wc. Daarbij stoten ze de oudste af, die al beschadigd zijn en niet veel meer kunnen presteren. Dennen houden dan altijd nog tien, sparren zes en pijnbomen drie jaargangen over, wat duidelijk zichtbaar is aan de betreffende vertakkingen. Vooral pijnbomen die zo een kwart van het groen afwerpen, kunnen in de winter een enigszins geplukte indruk maken. In het voorjaar komt er met de verse scheuten dan weer een nieuwe jaargang bij, waardoor de kronen er weer gezond uitzien.

Tijdgevoel

Bladval in het najaar en uitlopen in het voorjaar zijn in onze streken vanzelfsprekende verschijnselen in de bossen. Maar als je er beter naar kijkt is dat hele gebeuren één groot wonder, want de bomen hebben daarvoor met name één ding nodig: tijdgevoel. Alleen: hoe moeten zij nou weten dat het weer winter wordt of dat stijgende temperaturen niet slechts een kort intermezzo vormen, maar de lente aankondigen?

Dat warmere dagen de oorzaak van het uitbotten van het blad zijn, klinkt logisch, want nu ontdooit ook het bevroren water in de boomstam, waardoor het weer kan stromen. Gek genoeg komen de knoppen des te vroeger uit, naarmate de voorafgaande winter kouder was. Onderzoekers van de TU München hebben dat in het klimaatlaboratorium getest.[42] Hoe warmer het koude jaargetijde, hoe later bijvoorbeeld beukentakken groen werden – en dat klinkt in eerste instantie onlogisch. Want veel andere planten, bijvoorbeeld kruiden, worden dan vaak al in januari actief en beginnen zelfs te bloeien, zoals regelmatig uit sensationele meldingen in de media blijkt. Is het bij bomen misschien zo dat ze zonder vorsttemperaturen geen ontspannende winterslaap hebben en daarom in het voorjaar niet echt op gang komen? Hoe het ook zij, in het kader van de klimaatverandering is dat eerder negatief, want andere soorten, die niet zo moe zijn en hun nieuwe loof sneller vormen, hebben daar voordeel bij.

Hoe vaak hebben we al niet warmere perioden in januari of februari meegemaakt zonder dat er bij eiken en beuken fris groen zichtbaar was? Hoe weten ze dat het nog geen tijd is om nieuwe loten te vormen? Bij fruitbomen heeft men het raadsel in elk geval enigszins ontward. Kennelijk kunnen bomen tellen! Pas als een bepaald aantal warme dagen is overschreden, vertrouwen ze de situatie en classificeren die als lente.[43] Maar warme dagen alleen maken nog geen lente.

Het afwerpen en uitbotten van het loof hangt namelijk niet alleen af van de temperatuur, maar ook van de daglengte. Beuken gaan bijvoorbeeld pas van start als het elke dag minstens dertien uur licht is. Dat is in zoverre verbazingwekkend, omdat de boom daarvoor over iets van een gezichtsvermogen moet beschikken. Het ligt dus voor de hand om op zoek te gaan naar zoiets in de bladeren – die zijn immers voorzien van een soort zonnecellen, dus uitstekend uitgerust voor het ontvangen van lichtgolven. In het zomerhalfjaar is dat inderdaad ook zo, maar in april zit het blad nog niet aan de takken. Helemaal opgelost is dat raadsel tot op heden nog niet, maar vermoedelijk zijn het de knoppen die met dat vermogen zijn uitgerust. De opgevouwen blaadjes liggen daarin en zijn vanbuiten bedekt met bruine schubben om uitdroging te voorkomen. Kijk maar eens goed naar die schubben als het uitbotten begint, en houd ze tegen het licht. Juist: ze zijn doorzichtig! Waarschijnlijk zijn heel kleine hoeveelheden al voldoende om de daglengte te registreren, zoals we van de zaadjes van veel akkeronkruiden weten. Voor hen zijn de zwakke stralen van de nachtelijke maan al voldoende om het ontkiemen in werking te zetten. Ook de stam van de boom kan licht registreren. In de bast van de meeste soorten zitten piepkleine slapende knoppen. Zodra de stam van een buurboom doodgaat of omvalt komt er meer zon binnen, wat bij sommige exemplaren veroorzaakt dat de knoppen uitkomen, zodat de boom het extra lichtaanbod kan benutten.

En hoe merken bomen dat de warmere dagen niet toegeschreven moeten worden aan de nazomer maar aan de lente? De combinatie van daglengte en temperatuur brengt de juiste reactie teweeg. Stijgende temperaturen horen bij de lente, dalende bij de herfst – ook dat kunnen bomen registreren. Om die reden passen inheemse soorten als de eik of de beuk zich ook aan het tegengestelde ritme van het zuidelijk halfrond aan, als ze bijvoorbeeld naar Nieuw-Zeeland worden geëxporteerd en daar worden geplant. En iets anders is daarmee ook bewezen: bomen moeten een geheugen hebben. Hoe kunnen ze anders innerlijk de daglengte vergelijken of warme dagen tellen?

Vooral in warme jaren met hoge najaarstemperaturen kun je bomen ontdekken waarbij het tijdgevoel in de war is geraakt. Hun knoppen zwellen op in september en sommige exemplaren laten zelfs nieuwe bladeren ontbotten. Zulke sufferds moeten dan ook maar op de blaren zitten als de verlate vorst toch nog komt. Het weefsel van de nieuwe loten is nog niet verhout, het loof sowieso weerloos. Dus bevriest het nieuwe groen, wat vast pijn doet. Daarnaast zijn de knoppen voor het komende voorjaar verloren gegaan, zodat er vervangende knoppen moeten worden gevormd, wat veel energie vraagt. De bomen die niet goed opletten, verliezen dus kracht en zijn minder goed voorbereid op het komende seizoen.

Tijdgevoel hebben bomen echter niet alleen nodig voor hun loof. Dit vermogen is minstens even belangrijk voor hun nageslacht. Vallen de zaden in de herfst op de grond, dan moeten ze immers niet meteen ontkiemen, want anders ontstaan er twee problemen: ten eerste kunnen de zachte scheuten niet meer verhouten, dus hard en taai worden voor de winter, zodat ze zullen bevriezen. Ten tweede is er in het koude jaargetijde voor reeën en herten nauwelijks eten en die zullen zich maar al te graag op het frisse groen storten. Het is beter om samen met alle andere plantensoorten in het voorjaar uit te lopen. Om die reden kunnen de zaden kou registreren; en pas wanneer op strenge vorst langere warmteperioden volgen wagen de boomkinderen zich uit hun omhulsel. Een uitgekiend telmechanisme, vergelijkbaar met dat met betrekking tot het uitbotten van de bladeren, is bij veel zaden niet nodig. Zo liggen beukennootjes en eikels, begraven door Vlaamse gaaien en eekhoorntjes, centimeters diep in de aarde. Daar wordt het pas warm als de echte lente komt. Lichtgewichten als de zaden van berken moeten beter opletten, omdat ze met hun vleugeltjes altijd boven op de grond vallen en daar blijven liggen. Dat kan ook pal in de zon zijn, waardoor die piepkleine zaden, net als hun grote ouders, de juiste daglengte moeten kunnen registreren en afwachten.

Een kwestie van karakter

Langs de weg tussen mijn woonplaats Hümmel en het volgende dorp in het Ahrtal staan drie eiken. Zij vormen een markant element op de es, die naar deze bomen genoemd is. De afstand ertussen is buitengewoon klein: de honderdjarige stammen staan maar een paar centimeter uit elkaar. Daarmee zijn ze voor mij een ideaal studieobject, omdat de milieuomstandigheden voor alle drie de bomen identiek zijn. Bodem, water, lokaal microklimaat, dat kan binnen een meter niet drie keer verschillen. Als de eiken zich nu uiteenlopend gedragen, dan kan dat alleen aan hun individuele eigenschappen liggen. En dat doen ze! Als de bomen in de winter kaal zijn of in de zomer vol in blad staan, merkt een voorbijzoevende automobilist niet dat het drie bomen zijn. Hun kronen gaan in elkaar over en vormen een gemeenschappelijke grote halve bol. De dicht bij elkaar staande stammen zouden ook uit één wortel kunnen komen, zoals het bij gevelde en vervolgens weer uitlopende exemplaren het geval is. Mijn klavertjedrie laat zien dat het heel anders in elkaar zit. Terwijl de rechtereik al verkleurt, blijven de middelste en de linker nog volop groen. Pas één of twee weken later volgen ze hun buurman en gaan ook in winterslaap. Maar als de standplaats identiek is, wat kan dan de reden voor het ongelijksoortige gedrag zijn? Het is inderdaad een kwestie van karakter wanneer een boom zijn loof afwerpt. Want dat moet hij doen, zoals we in het vorige hoofdstuk te weten zijn gekomen.

Maar wanneer is het juiste tijdstip gekomen? Bomen kunnen niet voorvoelen wanneer de winter komt, en ze weten niet of die streng of zacht zal uitvallen. Ze registreren de afnemende daglengte en de dalende temperaturen. Áls ze dalen. Vaak is er in de herfst nog nazomerse, warme lucht en dan staan de drie eiken voor een dilemma. Zullen ze de zachte dagen nog benutten en doorgaan met fotosynthese bedrijven om snel nog een paar extra calorieën suiker in te slaan? Of nemen ze liever het zekere voor het onzekere en laten ze hun blad vallen, voor het geval de vorst plotseling intreedt en hen noodgedwongen met winterslaap stuurt? Kennelijk nemen alle drie de bomen een andere beslissing. De rechter is wat banger, of positief uitgedrukt: verstandiger. Wat heb je aan extra voorraden als je je blad niet meer kunt afwerpen en de hele winter in levensgevaar verkeert? Dus op tijd laten vallen die boel en hup naar dromenland! De twee andere eiken zijn wat moediger. Wie weet wat het volgende voorjaar brengt, hoeveel kracht een plotselinge insectenaanval vergt en wat er daarna nog aan reservestoffen over is. Dus blijven ze gewoon wat langer groen en vullen hun tanks onder de bast en in de wortels tot aan de rand. Tot dusverre is deze handelwijze nog steeds betrouwbaar gebleken, maar wie weet hoe lang dat nog zal duren. Want de najaarstemperaturen blijven door de klimaatverandering steeds langer hoog, het riskante spelen met het blad duurt soms tot in november. Maar de najaarsstormen beginnen nog steeds stipt in oktober, zodat het risico toeneemt dat ze vol in het blad omvergegooid worden. Zelf denk ik dat voorzichtige bomen in de toekomst betere overlevingskansen hebben.

Iets soortgelijks valt bij de stammen van loofbomen, maar ook bij die van zilversparren, waar te nemen. Volgens de boomhandleiding zouden ze lang en glad moeten zijn, dus zonder takken in de onderste helft van de boom. Dat is logisch, want daar is gebrek aan licht. Zonder zonnestralen die verwerkt kunnen worden, worden nutteloze lichaamsdelen die alleen maar voeding zouden verbruiken gewoon stilgelegd. Dat werkt een beetje hetzelfde als bij onze spieren, die afnemen als ze door het lichaam niet worden gebruikt om calorieën te sparen. Maar bomen kunnen die takken niet zelf wegwerken, ze kunnen ze alleen laten afsterven. De rest moet afgehandeld worden door de schimmels, die het dode hout aantasten. Op een gegeven moment is het hout vermolmd, breekt af en wordt op de grond uiteindelijk tot humus gerecycled. Op de plekken waar de takken zijn afgebroken, hebben de bomen nu een probleem. Hier kunnen de schimmels vrolijk verder de stam in groeien, want hier zit geen beschermende bast. Nog niet, maar daar valt iets aan te doen. Als de takken niet al te dik waren (tot drie centimeter) duurt het maar een paar jaar om de plek weer dicht te laten groeien. Vanbinnen kunnen de bomen die plek opnieuw doordrenken met water, waardoor de schimmels doodgaan. Als de takken heel dik waren, duurt dat allemaal te lang. De wond blijft tientallen jaren open en vormt de invalspoort waardoor de schimmels tot diep in het hout kunnen doordringen. De stam verrot en wordt op zijn minst een beetje instabieler. Exact om die reden schrijft de handleiding in het onderste deel van de stam alleen dunne takken voor. Zijn die tijdens de verdere groei eenmaal afgevallen, dan mogen ze onder geen beding opnieuw gevormd worden. Maar sommige exemplaren doen dat wel. Gaat naast hen een collega dood, dan gebruiken ze het invallende licht om beneden nieuwe knoppen te laten ontspruiten. Daaruit vormen zich dikke takken, die in het begin zeker gunstig zijn. Zo kunnen die bomen de kans tot fotosynthese dubbel benutten: in hun kroon en aan hun stam. Maar op een dag, misschien 20 jaar later, hebben de eromheen staande bomen hun kronen zo ver vergroot dat het gat weer is gesloten. Op de benedenetage wordt het opnieuw donker, en de dikke takken sterven af. Nu wreekt het verlangen naar zon zich, want zoals al beschreven rukken de schimmels nu op tot diep in de stam van de domoor, waardoor ze hem in gevaar brengen. Dat zulk gedrag inderdaad individueel en dus een kwestie van karakter is, kun je bij je volgende boswandeling zelf controleren. Kijk maar eens naar bomen die om een kleine open plek heen staan. Ze krijgen allemaal dezelfde prikkel om een stommiteit te begaan en nieuwe takken aan hun stam te vormen, maar slechts een deel van de bomen bezwijkt voor die verleiding. De rest houdt zijn bast onberispelijk glad en vermijdt het voorspelbare risico.

De zieke boom

Statistisch gezien kunnen de meeste boomsoorten in potentie heel oud worden. In het begraafbos in mijn district krijg ik van kopers van een boom telkens weer de vraag hoe oud hun exemplaar kan worden. Ze zoeken meestal beuken of eiken uit, en de normale leeftijd daarvan ligt volgens de huidige stand van kennis op 400 tot 500 jaar. Maar wat is de waarde van statistische cijfers als het om individuele gevallen gaat? Net als bij ons mensen – niets. Want de uitgestippelde weg van een boom kan op een dag om allerlei redenen veranderen. Zijn gezondheid is afhankelijk van de stabiliteit van het ecosysteem van het bos. Temperatuur, vochtigheid en belichting moeten nooit abrupt veranderen, want bomen beschikken over een uiterst langzaam reactievermogen. Maar zelfs als alle uiterlijke omstandigheden optimaal zijn, liggen er constant insecten, schimmels, bacteriën en virussen op de loer om de kans te grijpen om eindelijk toe te slaan. In principe kan dat alleen slagen als de boom uit balans raakt. In normale toestand verdeelt hij zijn krachten heel secuur. Een groot deel wordt voor het dagelijks leven gebruikt. Hij moet ademen, zijn voeding 'verteren', zijn zwampartners van suiker voorzien, elke dag een beetje groeien en stille reserves paraat houden om schadelijke organismen af te weren. Die reserves kunnen te allen tijde geactiveerd worden en omvatten afhankelijk van de boomsoort een hele reeks zeer effectieve afweerstoffen. Het zijn de zogenaamde phytonciden, die een antibiotische werking hebben. Daar zijn indrukwekkende proeven mee gedaan. De uit het toenmalige Leningrad afkomstige bioloog Boris Tokin schreef al in 1956: 'Doe je bij een druppel water met protozoa een druppel fijngewreven sparren- en dennennaalden, dan worden de levende wezens in minder dan een seconde gedood.' In dezelfde publicatie beschrijft Tokin dat de lucht in jonge dennenbossen door de phytonciden die uit de naalden stromen bijna kiemvrij is.[44] Bomen kunnen hun omgeving dus flink desinfecteren. Maar dat is nog niet alles. Walnotenbomen treden met de stofjes in hun bladeren op tegen insecten, en dat is zo effectief dat er een duidelijk advies voor tuinliefhebbers uit voortvloeit: als je ergens een knus bankje wilt neerzetten, doe dat dan onder een walnoot. Daar heb je de minste kans door muggen te worden gestoken. De phytonciden van naaldbomen kun je heel goed ruiken: het is de kruidige boslucht die vooral op warme zomerdagen goed waarneembaar is.

Komt het zorgvuldig uitgebalanceerde evenwicht van de groei- en afweerkrachten scheef te liggen, dan kan een boom ziek worden. De oorzaak is bijvoorbeeld de dood van een buurboom. Ineens valt er veel licht op de kroon, en komt het verlangen naar meer fotosynthese op. Dat is zeker zinvol, want zo'n kans doet zich maar één keer per eeuw voor. Nu hij plotseling in het zonlicht staat, laat de boom zijn andere activiteiten voor wat ze zijn en concentreert zich uitsluitend op de groei van zijn takken. Dat moet hij ook, want zijn collega's die om hem heen staan doen hetzelfde, zodat het gat in de (voor bomen) korte tijd van ongeveer 20 jaar weer sluit. De loten worden al snel langer en er komt per jaar een paar millimeter tot 50 centimeter bij. Dat kost kracht, die niet meer voor het afweren van ziekten en parasieten ter beschikking staat. Heeft de boom geluk, dan gaat alles goed, en heeft hij zijn kroon vergroot voor het gat weer sluit. Dan last hij een pauze in en probeert zijn persoonlijke balans weer te vinden. Maar o wee als er in de groeiroes iets misgaat! Een schimmel die ongemerkt een takstomp aantast en langs het dode hout de stam in gaat, een schorskever die de hemelbestormer toevallig aanprikt en constateert dat er geen tegenreactie komt – dan is het gebeurd. De op het oog van gezondheid blakende stam wordt steeds verder aangetast, omdat hij de energie niet heeft om afweerstoffen te mobiliseren. Nu zijn de eerste reacties op de aanvallen in de kruin te zien. Bij loofbomen gaan de vitale bovenste loten ineens dood, zodat er dikke takstompen zonder zijtakken in de lucht steken. De eerste reactie van naaldbomen is dat ze minder naaldjaargangen aan de takken kunnen houden. Zo hebben zieke pijnbomen vaak niet meer dan drie, maar nog slechts één tot twee generaties aan hun takken, waardoor de kronen zichtbaar uitdunnen. Bij sparren komt het zogenaamde *lametta syndrome* er nog bij, waardoor de zijtakken slap, als lametta, aan de takken hangen. Niet veel later springen er grote stukken bast van de stam. Nu kan het heel snel gaan. Als een luchtballon waarvan het ventiel wordt geopend, zakt de kroon in de loop van het stervensproces verder naar beneden, omdat de dode takken in de winterstormen afbreken. Bij sparren kun je dat heel duidelijk zien, omdat de bovenste verdorde takken duidelijk afsteken tegen de groene van de onderste, nog vitale etages.

Een levende boom vormt het hele jaar ringen in het hout, omdat hij min of meer veroordeeld is tot groeien. Het cambium, de heldere, dunne laag tussen de bast en het hout scheidt in de vegetatieperiode naar binnen nieuwe houtcellen en naar buiten nieuwe bastcellen af. Kan een boom niet meer dikker worden, dan gaat hij dood. Dat werd tenminste lange tijd wel gedacht. Onderzoekers ontdekten in Zwitserland pijnbomen die uiterlijk gezond leken en vol groene naalden leken te zitten. Toen ze beter werden onderzocht door ze om te hakken of door boorproeven, stelde men echter vast dat sommige exemplaren al meer dan 30 jaar geen enkele nieuwe ring in het hout hadden gevormd.[45] Pijnbomen met groene naalden die dood zijn? De bomen waren aangetast door wortelzwam, een agressieve zwam, waardoor hun cambium begon af te sterven. Toch pompten de wortels nog water door de buizen in de stam naar de kroon en voorzagen zo de naalden van het essentiële vocht. En de wortels zelf? Als het cambium dood is, is de bast ook dood. Suikeroplossing van de naalden naar beneden pompen is op die manier niet meer mogelijk. Het kunnen alleen de gezonde buurpijnbomen zijn geweest, die hun stervende vrienden hielpen en hun wortels van voedingsstoffen voorzagen. Daarover heb ik in het hoofdstuk 'Vriendschappen' al meer verteld.

Behalve ziekten lopen veel bomen in de loop van hun leven ook allerlei verwondingen op. Dat kan talloze oorzaken hebben. Bijvoorbeeld als een buurboom omvalt. In een dicht bos kan niet voorkomen worden dat hij daarbij een paar om hem heen staande kameraden schampt. Gebeurt dat in de winter, als de relatief droge bast stevig aan het hout vastzit, dan is dat geen ramp. Meestal breken er alleen een paar takken af, een schade die een paar jaar later al niet meer zichtbaar is. Ernstiger daarentegen zijn verwondingen aan de stam, en die treden vooral tijdens de zomermaanden op. Dan zit het cambium, de dunne groeilaag tussen hout en bast, vol water: glashelder en glibberig. Geringe krachten zijn al voldoende om de opperhuid te beschadigen. Langszwiepende takken van een vallende buurboom kunnen nu meterslange schrammen veroorzaken. Au! Het vochtige hout is een ideale landingsplaats voor schimmelsporen, die al een paar minuten later opduiken. Daaruit groeien schimmelweefsels die meteen van het hout en de voedingsstoffen beginnen te eten. Maar veel succes hebben ze nog niet. In het hout zit simpelweg te veel water, en hoewel schimmels van vocht houden, wordt het hun dood als het druipnat is. Hun zegetocht in het binnenste van de stam wordt vooralsnog dus afgeremd door het natte, buitenste spinthout. Dat ligt echter open en kan aan de buitenkant drogen. Nu begint een wedloop in slow motion. Naarmate het spinthout zijn vochtigheid verliest, rukt de schimmel steeds verder op, en tegelijkertijd probeert de boom de wond weer te sluiten. Dus geeft het weefsel aan de rand van de verwonding stevig gas en groeit snel naar elkaar toe. Per jaar kan het tot een centimeter breedte van het gewonde hout bedekken. Na uiterlijk vijf jaar moet de zaak weer dicht zijn. Dan sluit de nieuwe bast de oude wond af en kan de boom het beschadigde hout weer vanbinnen natmaken en de schimmel op die manier doden. Is het de schimmel gelukt om via het spinthout in het kernhout door te dringen, dan is het te laat. Dat stilgelegde deel is droger, en dus ideaal voor de aanvaller; en de boom kan hier niet meer op reageren. Doorslaggevend voor het feit of hij een kans heeft, is de breedte van de verwonding. Alles wat duidelijk boven de drie centimeter zit is gevaarlijk. Maar zelfs als de schimmel wint en zich heerlijk in het binnenste van de boom heeft geïnstalleerd, is het pleit nog niet beslecht. Hij kan zich nu weliswaar ongehinderd op het hout storten, maar dat gebeurt zonder al te veel haast. Er kan wel een eeuw overheen gaan voor alles is opgegeten en tot humus is verwerkt. De boom wordt daardoor totaal niet instabiel, want in de natte, buitenste jaarringen van het spinthout kan de schimmel zich immers niet verspreiden. In het extreemste geval wordt de boom vanbinnen zo hol als een kachelpijp. En net als bij zo'n pijp blijft de stabiliteit volledig behouden. Met een rotte boom hoeven we dus geen medelijden te hebben, en hij lijdt waarschijnlijk ook geen pijn. De reden: het binnenste hout is in de regel al buiten bedrijf gesteld en niet meer doorspekt met levende cellen, en de buitenste jaarringen die nog actief zijn, leiden het water door de stam en zijn daarmee voor de schimmel veel te nat.

Heeft een boom een schade aan zijn stam succesvol overwonnen, dus weer afgesloten, dan kan hij meestal net zo oud worden als zijn onbeschadigde vrienden. Maar soms, in heel koude winters, spelen die oude wonden weer op. Dan klinkt er een knal als een geweerschot door het bos en springt de boom langs het litteken van de wond weer open. De oorzaak daarvan zijn de spanningsverschillen in het bevroren hout, dat bij bomen met een dergelijke voorgeschiedenis heel ongelijkmatig is opgebouwd.

Er zij licht

Over het zonlicht heb ik al op verschillende plaatsen iets gezegd, dat blijkt een uiterst belangrijke factor in het bos te zijn. En dat klinkt als een open deur: bomen zijn immers planten en moeten fotosynthese bedrijven om te overleven. Omdat in onze tuinen altijd genoeg zonlicht op de bloemperken en het gras schijnt, zijn daar water en de in de bodem opgeslagen voedingsstoffen beslissend voor het groeien van de planten. Dat licht belangrijker is dan de beide andere factoren is in die gewone situatie voor ons niet duidelijk zichtbaar. En omdat wij snel de neiging hebben onze eigen situatie als maatgevend te beschouwen, zien we over het hoofd dat een intact bos heel andere prioriteiten stelt. Hier wordt om elk zonnestraaltje gevochten, en elke soort heeft zich op een bijzondere situatie gespecialiseerd om in elk geval een klein beetje energie te krijgen. Want in de bovenste verdieping, de directie-etage, nemen imposante beuken, dennen of sparren veel ruimte in en die absorberen 97 procent van de zonnestralen. Dat is bot en lomp, maar pakt niet elke soort wat hij krijgen kan? Die race om de zon hebben bomen alleen gewonnen doordat ze zulke lange stammen kunnen vormen. Lange, stabiele stammen kan een plant echter alleen vormen als hij heel oud wordt, omdat in het hout enorm veel energie is opgeslagen. Zo heeft de stam van een volgroeide beuk om te groeien evenveel suiker en celstof nodig als de opbrengst van een tarweakker van een hectare. Het is dus duidelijk dat zo'n imposant bouwsel voor zijn groei niet één maar 150 jaar nodig heeft. Behalve andere bomen doet haast geen enkele andere plant hem dat na, en voor de rest van zijn leven hoeft hij zich geen zorgen meer te maken. Zijn eigen nageslacht is erop ingesteld om te overleven op het resterende licht, en wordt immers ook nog gevoed. Voor de rest van het voetvolk geldt dat echter niet, en dat moest er dus iets anders op verzinnen. Zo heb je bijvoorbeeld de vroegbloeiers. In april is de bruine bodem onder oude loofbomen bezaaid met witte bloemenzeeën. Dat zijn bosanemonen die het bos betoveren. En soms zijn ze vermengd met gele en blauwpaarse bloemen, zoals het leverbloempje. Dat dankt zijn naam aan zijn blaadjes, waarvan de vorm een beetje aan een mensenlever doet denken. Leverbloempjes zijn koppige planten. Als ze eenmaal ergens staan, dan willen ze daar voor altijd blijven, en ze verspreiden zich per zaad uiterst langzaam. Daarom zijn deze vroegbloeiers ook alleen in loofbossen te vinden die al eeuwen bestaan.

Het bonte gezelschap lijkt met zijn bloemenpracht alles te geven. De reden voor die verkwisting is de korte periode die benut moet worden. Als vanaf maart de lentezon de bodem verwarmt, bevinden de loofbomen zich nog in hun winterslaap. Tot begin mei grijpen de bosanemoon en aanverwante soorten hun kans en produceren onder de kale woudreuzen koolhydraten voor het komende jaar. De voedingsstoffen worden opgeslagen in de wortels. Daarnaast moeten de kleine schonen zich ook nog voortplanten, wat extra kracht kost. Dat ze dat allemaal in één of twee maanden voor elkaar krijgen, is een klein wonder. Want zodra de knoppen van de bomen openbreken, wordt het weer veel te donker en moeten de bloemen nog een keer tien maanden gedwongen pauzeren.

Als ik hiervoor zei dat amper een andere plant de bomen

nog kan evenaren, dan ligt de nadruk op 'amper'. Want er zijn inderdaad gewassen die zich op weg begeven de kroon in. Het is erg inspannend en tijdrovend om die weg vanaf de grond te beginnen. De klimop is zo'n plant: hij begint als zaadje aan de voet van lichtboomsoorten, dus van soorten die verkwistend met de zonnestralen omgaan en heel wat zonlicht onbenut op de bodem laten doordringen. Onder pijnbomen of eiken slaagt de klimop erin om in eerste instantie fikse tapijten op de grond te vormen. Maar op een dag begint een scheut de stam op te klimmen. Als enige Midden-Europese plant gebruikt de klimop daarvoor plakwortels, die zich stevig vastklemmen aan de bast. Het duurt tientallen jaren waarin hij steeds verder naar boven gaat en uiteindelijk de kruin bereikt. Daar kan hij honderden jaren oud worden, hoewel je zulke oude exemplaren eerder zult aantreffen op rotswanden of kasteelmuren. In de vakliteratuur valt te lezen dat deze begroeiing bomen geen schade zou doen. Uit eigen waarneming aan onze bomen kan ik dat niet bevestigen, het is juist het tegenovergestelde: vooral pijnbomen die heel veel licht nodig hebben voor hun naalden, hebben een hekel aan de zich hoog bovenin uitbreidende concurrentie. Er sterven steeds meer takken af, wat de bomen zo ernstig kan verzwakken dat ze doodgaan. En ook de hoofdtak van de klimop die de stam omsluit en zelf boomdik is, belast pijnbomen en eiken, vergelijkbaar met een wurgslang die zich om een menselijk lichaam wikkelt. Dat wurgeffect is bij een andere soort nog duidelijker te zien: de wilde kamperfoelie. Met zijn fraaie, lelieachtige bloemen, klimt de plant het liefst in jonge boompjes. Daarbij slingert hij zich zo stevig om de stammetjes heen, dat die tijdens hun verdere groei flinke spiraalvormige insnoeringen oplopen. Zulke vergroeide boompjes worden, zoals al vermeld, graag als grillige wandelstokken verkocht; veel langer zouden ze het in de natuur toch ook niet overleefd hebben. Door hun afgeremde groei liggen ze achter op de rest van het bomenkroost. En zelfs als ze erin slagen groot te worden, breken ze op een gegeven moment toch af door een storm, op een plek waar de stam gedraaid is.

Vogellijm bespaart zichzelf het tijdrovende proces van het omhooggroeien. Die begint meteen helemaal bovenin en laat zijn kleverige zaad voor dat doel door lijsters aan kroontakken plakken als de vogels hun snavels daaraan wetten. Maar hoe komt de vogellijm, zo hoog en zonder enig contact met de bodem, aan water en voedingsstoffen? Welnu, die zijn er hoog in de lucht in overvloed – namelijk in de bomen. Daartoe laat de plant zijn wortels in de tak zakken waar hij op zit en zuigt wat hij nodig heeft er gewoon uit. Toch bedrijft hij zelf wel fotosynthese, zodat de gastheerbomen 'slechts' water en mineralen verliezen. Daarom betitelen wetenschappers de vogellijm als halfparasiet. Maar daar hebben de getroffen bomen weinig aan, want in de loop der jaren vermeerdert de plant zich steeds verder in de kroon. Aangetaste exemplaren kun je in elk geval bij loofbomen vooral in het koude jaargetijde goed herkennen: sommige zitten van onder tot boven onder de parasieten, en in die omvang wordt het een bedreiging. De continue aderlating verzwakt de bomen en daar komt nog bij dat er steeds meer licht wordt weggenomen. En alsof dat nog niet voldoende is, zorgen de wortels van de vogellijm in de takken voor een ernstige verzwakking van de houtstructuur. Vaak leidt dat na een paar jaar tot breuken, waardoor de kroon kleiner wordt. Soms wordt het hem allemaal simpelweg te veel en gaat de boom dood.

Minder schadelijk zijn planten die bomen alleen als ondergrond gebruiken, zoals mossen. Veel soorten hebben geen wortels die ze in de grond laten zakken, maar houden zich met hun uitlopers alleen vast aan de bast. Nauwelijks licht, geen opname van voedingsstoffen en geen water uit de grond, en de boom wordt ook niet afgetapt: kan dat? Ja, maar alleen als je echt uiterst bescheiden bent. Water vangen de zachte kussentjes ofwel op uit dauw, mist ofwel regenbuien om het vervolgens op te slaan. Meestal is dat niet voldoende, want de bomen werken ofwel als een paraplu (sparren en aanverwanten) ofwel ze leiden het water met hun takken gericht naar hun wortels (loofbomen). In het laatste geval is de situatie simpel: de mossen vestigen zich op die plekken op de stam waar het water na een regenbui naar beneden bruist. Dat gebeurt niet gelijkmatig, omdat de meeste bomen een beetje scheef staan. Aan de bovenzijde van de zwakke kromming vormt zich een klein stroompje dat door de mossen wordt aangetapt. Aan de mosgroei kun je de windrichting dus niet vaststellen, maar dat terzijde. Er wordt namelijk wel beweerd dat je daaraan zou kunnen zien waar de regen vandaan komt die tegen de stam slaat en hem daar natmaakt. Maar midden in het bos, waar de wind wordt afgeremd, valt de regen meestal loodrecht naar beneden. Bovendien buigt elke boom een andere kant op, zodat richtingbepaling aan de hand van de mosbedekking je alleen maar in verwarring zal brengen.

Is de bast bovendien ruw, dan blijven de kleine spleetjes erg lang vochtig. De stam begint onderaan ruw te worden, en dat gaat met het stijgen van de leeftijd steeds verder door in de richting van de kroon. Daarom zit het mos bij jonge bomen slechts een paar centimeter boven de grond, terwijl het later als een kniekous om het onderste deel van de stam zit. De boom ondervindt daarvan geen nadeel, en het beetje water dat de plantjes achteroverdrukken wordt weer gecompenseerd door het feit dat ze immers ook weer vocht afgeven, waardoor ze het bosklimaat positief beïnvloeden. Resteert alleen nog de vraag naar de voedingsstoffen. Als die niet uit de bodem komen, dan blijft alleen nog de lucht over. Er waait jaarlijks heel wat stof door de bossen. Een volgroeide boom kan meer dan honderd kilo uit de lucht filteren, dat met het regenwater langs de stam naar beneden loopt. Het mengsel wordt opgezogen door de mossen, die het bruikbare eruit halen. De voedingsstoffen zijn dus afgevinkt; ontbreekt alleen nog het licht. In lichte pijnboom- of eikenbossen is dat geen probleem, in de altijd donkere dennenbossen daarentegen wel. Hier moeten zelfs asceten oppassen, een reden waarom juist de extreem dichte jonge opstanden in naaldbossen vaak bijna mosvrij zijn. Pas als de leeftijd van de bomen toeneemt en er hier en daar gaten in het kronendak verschijnen, komt er genoeg zon op de grond om die groen te laten worden. In oude beukenbossen ziet het er al anders uit, want hier kunnen de mossen de bladvrije overgangstijd in voor- en najaar gebruiken. In de zomer wordt het dan weliswaar te donker, maar de planten zijn ingesteld op perioden waarin ze honger en dorst lijden. Soms is er maanden geen neerslag. Aai dan maar eens over een moskussentje: het is gortdroog. De meeste plantensoorten zullen nu doodgaan, maar mossen niet. Ze zwellen weer op door de volgende fikse regenbui – en dan gaat het leven gewoon door.

Nog bescheidener zijn korstmossen. Die kleine, grijsgroene gewassen vormen een symbiose tussen schimmels en algen. Om zich vast te houden hebben ze een willekeurige ondergrond nodig, en dat zijn in het bos nu eenmaal bomen. In tegenstelling tot mossen klimmen ze veel hoger naar boven in de stammen, omdat hun toch al extreem langzame groei onder het bladerdak ook nog eens wordt geremd. Vaak slagen ze er na talloze jaren slechts in om een schimmelig soort aanslag op de bast te vormen, waardoor veel bosbezoekers zich afvragen of de bomen ziek zijn. Dat zijn ze niet; korstmossen doen de bomen geen kwaad, die zitten er waarschijnlijk totaal niet mee.

De kleine gewassen maken hun slakkengangetje bij het groeien weer goed door hun extreem lange levensduur: de hoogste leeftijd bedraagt een paar honderd jaar, waaruit blijkt dat deze wezens perfect zijn aangepast aan de traagheid van oerbossen.

Straatkinderen

Heb jij je ook weleens afgevraagd waarom mammoetbomen in Europa nooit erg hoog worden? Hoewel sommige van hen al 150 jaar oud zijn, heeft nog geen van hen de hoogte van 50 meter overschreden. In hun oude vaderland, zoals de bossen aan de westkust van Noord-Amerika, worden ze twee keer zo hoog. Waarom lukt dat hier dan niet? Terugkerend naar de gedachten over de boomkindercrèche en hun extreem traag verlopende kindertijd zou je kunnen zeggen: het zijn immers nog maar kinderen, wat kun je daarvan verwachten? Maar dat past niet bij de enorme diameter van de oudere Europese mammoetbomen, die vaak boven de 2,5 meter (gemeten op borsthoogte) ligt. Groeien kunnen ze duidelijk wel, maar op de een of andere manier sturen ze hun krachten de verkeerde kant op.

Een van de mogelijke oorzaken zou de standplaats kunnen zijn. Vaak zijn dat parken in steden, waar de bomen als exotische trofeeën van koningen en politici zijn geplant. Wat hier vooral ontbreekt is bos, of liever gezegd: familie. Met hun eerdergenoemde 150 jaar zijn ze gemeten aan een mogelijke levensduur van een paar duizend jaar, echt nog kinderen, die hier ver van hun vaderland, zonder ouders, opgroeien. Geen ooms, geen tantes, geen vrolijke kleuterschool, nee, ze moeten het helemaal alleen zien te rooien. En hoe staat het met de vele andere bomen in het park? Vormen die niet ook een soort bos, kunnen zij geen vervangende ouders worden? In de regel werden die bomen op hetzelfde moment geplant en konden ze de kleine mammoetbomen dus geen bescherming en hulp bieden. Bovendien zijn de soorten niet aan elkaar verwant. Mammoetbomen laten opvoeden door lindes, eiken of beuken zou ongeveer hetzelfde zijn als mensenbaby's toevertrouwen aan muizen, kangoeroes of bultruggen. Dat lukt niet en de kleine Amerikaantjes moeten zich er alleen doorheen zien te slaan. Geen moeder die ze voedt en streng in de gaten houdt dat haar kroost niet te snel groeit; geen behaaglijk, vochtig, windstil bosklimaat, maar slechts eenzaamheid. En alsof dat nog niet genoeg is, is de bodem in de meeste gevallen ook nog eens een ramp. Terwijl het oerbos de tere wortels zachte, kruimelige, humusrijke en altijd vochtige grond te bieden heeft, beschikken de parken over harde, door lange stedelijke bewoning verschraalde en verdichte grond. Bovendien willen de bezoekers van het park naar de bomen toe komen, de bast aanraken en in de schaduw van de kronen uitrusten. In de loop van tientallen jaren zorgt het constante lopen op de voeten van de bomen voor verdere verdichting. Daardoor spoelt de regen veel te snel weg en kan er in de winter geen voorraad voor de zomer worden aangelegd.

Ook het planten zelf werkt nog een leven lang na. Want om de boompjes van de kwekerij naar de definitieve standplaats te kunnen brengen, worden ze jarenlang voorbehandeld. Elk najaar worden de wortels in de bedden gekortwiekt, zodat ze compact blijven en ze er later goed uitgetild kunnen worden. De totale grootte van de kluit, bij een boompje van drie meter van nature ongeveer een doorsnee van zes meter, wordt zo gereduceerd tot 50 centimeter. Om te voorkomen dat de kroon door het kortwieken niet omkomt van de dorst, wordt ook die flink teruggesnoeid. Dat is echter niet in het belang van de gezondheid van de boom, maar alleen om die gemakkelijker te kunnen hanteren. Bij het terugsnoeien worden jammer genoeg ook de hersenachtige structuren samen met de gevoelige wortelpunten er afgeknipt – en dat doet pijn! En het is alsof de boom daardoor zijn richtinggevoel verliest, want ondergronds weet hij de weg de diepte in niet meer te vinden en hij vormt daardoor een oppervlakkige wortelplaat. Water en voedingsstoffen kan hij nu nog maar heel beperkt uit de grond halen.

Eerst lijken de jonge bomen niet onder dit alles gebukt te gaan. Ze stoppen zich vol met zoetigheid, want in de felle zon kunnen ze zoveel fotosynthese bedrijven als ze maar willen. Het ontbreken van een moeder die je voedt, is op die manier makkelijk te verkroppen. De eerste jaren is ook van het waterprobleem van de steenharde bodem amper iets te merken, de boompjes worden immers liefdevol verzorgd en bij droogte worden ze besproeid door tuinmannen. Maar het belangrijkste is dat ze niet streng worden opgevoed! Ze krijgen niet te horen: 'langzaamaan', of: 'wacht eerst maar eens 200 jaar', ze worden niet bestraft doordat hun licht wordt ontnomen als ze niet mooi recht groeien. Elk jong boompje kan doen wat het wil. Net als in een race gaan ze dus hard van start en vormen ze elk jaar lange takken de hoogte in. Maar vanaf een bepaalde grootte is het uit met de pret. Het bewateren van 20 meter hoge bomen zou enorm veel water en tijd kosten. Om de wortels door en door nat te maken, zouden de tuinmannen een paar kuub water moeten sproeien – per boom! Dus wordt de zorg op een dag simpelweg beëindigd.

De mammoetbomen merken daar eerst niet veel van. Ze hebben tientallen jaren een vrolijk leventje geleid en gedaan waar ze zin in hadden. Hun dikke stam getuigt, als een bierbuik, van het feit dat ze zich flink tegoed hebben gedaan aan zonlicht. Dat hun cellen binnenin heel groot zijn, veel lucht bevatten en daardoor gevoelig zijn voor schimmels speelt in hun jonge jaren nog geen grote rol.

Ook de zijtakken getuigen van vlegelachtig gedrag. De oerboshandleiding, die voor het onderste deel van de stam dunne of zelfs helemaal geen takken voorschrijft, is in het park onbekend. Door het overvloedige licht tot op de bodem vormen de mammoetbomen dikke zijtakken die later zo in omvang toenemen dat de vergelijking met een bodybuilder die vol doping zit zich opdringt. Weliswaar worden meestal op de onderste twee tot drie meter alle takken er door de tuinmannen afgezaagd om bezoekers vrij zicht door het park te geven. Maar vergeleken met het oerbos waar dikkere takken pas vanaf 20 en soms zelfs 50 meter toegestaan zijn, is dat altijd nog een verademing.

Uiteindelijk vormt zich slechts een korte, dikke stam en is alles daarboven al kroon. Extreme gevallen van parkbomen schijnen zelfs alleen uit een kroon te bestaan. Hun wortels dringen maar weinig dieper dan 50 centimeter in de vastgestampte aarde en bieden daarmee nauwelijks houvast. Dat is heel riskant en zou voor exemplaren van normale grootte veel te wankel zijn. Door de ver van het ideale plaatje verwijderde groeivorm, ligt het zwaartepunt van de mammoetbomen heel diep, dat wil zeggen dat ze door stormen niet zo snel uit hun evenwicht worden gebracht en daardoor relatief stevig staan.

Is de eerste eeuw achter de rug (de bomen hebben dan de leeftijd van schoolkinderen bereikt), dan tekent het einde van het zorgeloze leventje zich af. De hoogste loten verdorren en ondanks alle pogingen om nog een keer naar boven te groeien, is het eindpunt nu al bereikt. Door hun natuurlijke impregnatie tegen schimmels kunnen de mammoetbomen het ondanks beschadigingen aan hun bast toch nog een paar decennia volhouden.

Heel anders gaat het met andere boomsoorten. Beuken bijvoorbeeld kunnen er slecht tegen als er dikke takken worden afgezaagd. Kijk er bij je volgende wandeling in een park maar eens wat beter naar – er zijn nauwelijks grote loofbomen die niet in een of andere vorm zijn gesnoeid, gezaagd of in andere zin behandeld. Die 'snoei' (eigenlijk is het een bloedbad) gebeurt vaak uit esthetische overwegingen, bijvoorbeeld dat bomen in een bepaalde laan allemaal dezelfde kroon moeten hebben. Wordt de kroon gesnoeid, dan krijgen de wortels een flinke klap. Ze zijn qua omvang optimaal aangepast aan de bovengrondse organen. Wordt nu een groot deel van de takken verwijderd, waardoor die voor de fotosynthese uitvallen, dan verhongert een even groot percentage van de ondergrondse delen. In die dode stukken en op de snoeiplekken aan de stam dringen schimmels binnen, die in het luchtige, snel gegroeide hout vrij spel hebben. Al na een paar decennia, voor bomen is dat razendsnel, is de inwendige rot aan de buitenkant zichtbaar. Hele kroondelen sterven af, zodat de gemeente overgaat tot snoei om gevaren voor bezoekers uit te sluiten. Op die zaagplekken ontstaan weer enorme wonden. En als daar wondafdekmiddelen op worden aangebracht, wordt in veel gevallen het verrottingsproces alleen nog maar versneld, omdat het daaronder lekker vochtig blijft – een ideale broedplaats voor schimmels!

Uiteindelijk blijft er een romp over die niet meer te redden is en op een dag wordt gekapt. En omdat er geen familielid is dat te hulp kan snellen, sterft die stronk snel en onherroepelijk af. Korte tijd later wordt er een nieuwe boom geplant en begint het drama van voren af aan.

Stadsbomen zijn de straatkinderen van het bos. En sommige staan op zodanige plaatsen dat die typering nog beter van toepassing is, namelijk langs de straat. De eerste tientallen jaren van hun leven lijken op die van hun soortgenoten in het park. Ze worden vertroeteld en verzorgd, en soms krijgen ze zelfs via een speciaal voor hen aangelegde waterleiding regelmatig te drinken. Als de wortels dan flink verder willen groeien, kijken ze raar op hun neus. Want de aarde onder de straat of het trottoir is nog veel harder, doordat die met trilplaten extra is verdicht. Dat is heel vervelend, want de wortels van bosbomen gaan in principe niet heel diep naar beneden. Er is amper een soort bij die het lukt om dieper dan anderhalve meter te komen, in de meeste gevallen is het al veel sneller afgelopen. In het bos is dat geen probleem, tenslotte kun je als boom immers bijna eindeloos in de breedte uitdijen. Maar langs de rand van de straat is daar geen sprake van. Hier beperkt de rijweg de groei; in het trottoir zijn het leidingen en de tijdens de aanleg verdichte grond. Geen wonder dat het op zulke standplaatsen telkens weer tot conflicten komt. Platanen, esdoorns en lindes groeien graag onder de grond rioolleidingen binnen. Dat de werking van de riolering daardoor vermindert, merken wij mensen pas bij de volgende regenbui, als de straten onder water komen te staan. Dus onderzoeken specialisten aan de hand van wortelmonsters welke boom de verstopping heeft veroorzaakt. Voor zijn tripje naar het gewaande paradijs onder het trottoir krijgt hij de doodstraf: hij wordt gekapt en zijn opvolger krijgt een wortelbegrenzer, waardoor hij zijn voorganger niet kan imiteren. Maar waarom groeien bomen überhaupt buizen binnen? Lange tijd dachten stedelijke ingenieurs dat de wortels magisch werden aangetrokken door het vocht dat uit lekkende verbindingen sijpelt of door de voedingsstoffen in het rioolwater. Maar een groot opgezet onderzoek van de Ruhr-Universität Bochum leverde heel andere resultaten op. De wortels in de buizen bleken boven de waterspiegel te groeien en leken ook niet geïnteresseerd in bemesting. Ze groeiden in de losse grond, die tijdens de aanlegwerkzaamheden niet zorgvuldig verdicht was. Hier konden de wortels ademen en hadden ze plek om te groeien. Incidenteel kunnen ze dan ook koppelingen tussen twee buizen binnengroeien en daarin vervolgens verder woekeren.[46] Maar het is dus een noodreactie als bomen in de bebouwde kom overal op betonharde grond stuiten en ten slotte een uitweg in slordig opgevulde sleuven vinden. Daar worden ze dan voor ons mensen een probleem. Hulp is er alleen voor de buizen, want die worden nu in heel goed vastgestampte grond gelegd, zodat de wortels daar geen voet meer aan de grond kunnen krijgen. Is het dan nog een wonder dat er bij storm in de zomer vooral veel straatbomen omvallen? Hun miezerige ondergrondse verankeringssysteem dat in de vrije natuur een oppervlakte van 700 vierkante meter kan beslaan, is verschrompeld tot een paar procent daarvan, en kan geen stam van duizenden kilo's meer houden. Maar de taaie planten krijgen nog meer te verduren. Het microklimaat in steden bestaat uit asfalt en beton, dat warmte opslaat. Terwijl bossen in warme zomers 's nachts afkoelen, stralen straten en gebouwen hun warmte weer af, waardoor de luchttemperatuur hoog blijft. Dat zorgt voor extreem droge lucht, die bovendien vol uitlaatgassen zit. Allerlei begeleiders van de bomen, die in het bos voor hun welbevinden zorgen (zoals humusafbrekende micro-organismen), ontbreken. Mycorrhizaschimmels, die de wortels helpen om water en voedingsstoffen te verzamelen, zijn slechts in geringe mate beschikbaar. Stadsbomen moeten zich er dus onder de zwaarste omstandigheden alleen doorheen slaan. En alsof dat nog niet genoeg is, komt er ook nog eens ongevraagd mest bij. Vooral van honden, die hun pootje bij elke stam optillen. De urine kan de bast stukbijten en ertoe leiden dat de wortels afsterven. Een soortgelijke schade veroorzaakt strooizout in de winter, afhankelijk van de strengheid van de winter in hoeveelheden van meer dan een kilo per vierkante meter, wat flink aantikt. Daarnaast moeten in elk geval de naalden van de naaldbomen, die in de winter nog aan de takken zitten, de aantasting van door autobanden opstuivend zoutschuim zien te verwerken. Zeker 10 procent van het zout komt zo in de lucht terecht en slaat onder andere neer op de bomen, waar het zich invreet. Die pijnlijke schade kun je als gele en bruine puntjes op de naalden herkennen. De verwondingen verlagen de volgende zomer het vermogen tot fotosynthese en verzwakken daarmee de bomen.

Zwakte is het codewoord voor parasieten. Schild- en bladluizen kunnen makkelijker toeslaan, omdat de straatbomen zich maar beperkt kunnen verweren. Daar komen dan ook nog eens de hogere temperaturen in verstedelijkte gebieden bij. Hete zomers en warme winters zijn bevorderlijk voor insecten, die in groten getale overleven. Eén soort is daarbij altijd weer voorpaginanieuws, omdat hij een bedreiging voor de bevolking vormt: de eikenprocessierups. Die heet zo omdat de rupsen na zich in de kroon tegoed te hebben gedaan in lange rijen, dicht op elkaar de stam af lopen. Ze beschermen zich tegen predatoren door dichte weefsels, die weer vervellen als ze groeien. De kleine plaaggeesten zijn gevreesd vanwege hun brandharen, die bij aanraking afbreken en zich in de huid boren. Daarmee veroorzaken ze net als brandnetels jeuk en bultjes, en ze kunnen zelfs heftige allergische reacties oproepen. De brandharen van de lege vellen blijven in de weefsels hangen en zijn daar tot tien jaar lang werkzaam. In stedelijke gebieden kan het opduiken van deze insecten de hele zomer verpesten, en toch zijn ze eigenlijk heel onschuldig. Want de processierups komt van nature maar zelden voor. Slechts een paar decennia geleden stond hij nog op de rode lijst van bedreigde soorten en nu wil iedereen hem overal weer kwijt. Terwijl uitbraken ervan al sinds meer dan 200 jaar telkens weer beschreven zijn. Het Duitse ministerie van Natuurbescherming brengt deze uitbraken niet in verband met de klimaatverandering en de stijgende temperaturen maar met het aantrekkelijke voedselaanbod voor de vlinders.[47]

Die houden van warme boomkronen waar het zonlicht doorheen stroomt. Midden in het bos komt dat maar zelden voor, want daar groeien de afzonderlijke eiken tussen de beuken, waar ze hoogstens met de toppen van hun bovenste takken in het zonlicht staan. In stedelijke gebieden daarentegen staan de bomen vrij en ontvangen ze de hele dag warme zonnestralen: daar voelen de rupsen zich heerlijk bij. En omdat al het 'bos' in steden zulke optimale voorwaarden biedt, is het niet verwonderlijk dat het tot uitbraken komt. Daaraan zie je per slot van rekening alleen maar heel goed dat eiken en andere soorten langs de straten en tussen de huizen een hard bestaan hebben.

De zomer vormt zo'n enorm zware belasting voor de bomen, dat de meeste niet oud worden. En zelfs al mochten ze in hun jeugd doen en laten wat ze wilden, dat weegt op geen enkele manier op tegen de nadelen. Toch kunnen ze wel hun hart bij hun soortgenoten uitstorten, want vaak worden ze aangeplant als laanbeplanting, die bestaat uit bomen van één soort. Heel kenmerkend zijn platanen, met hun opvallende fraaie bast, die veelkleurig vlekkerig afbladdert. Wat de straatkinderen elkaar met hun geurboodschappen vertellen en of hun boodschappen zich qua toon aanpassen aan het ruige leven, dat houden deze straatbendes nog steeds voor zich.

Burn-out

Straatkinderen wordt de knusse bossfeer onthouden. Omdat ze gebonden zijn aan hun standplaats, hebben ze geen keus. Toch zijn er een paar boomsoorten die lak hebben aan alle comfort en de sociale groep, en uit principe op eigen houtje de wijde wereld in trekken. Dat zijn de zogenaamde pionierssoorten (dat klinkt meteen veel beter) die zo ver mogelijk bij hun moeder vandaan willen opgroeien. Om die reden kunnen hun zaden uiterst ver vliegen. Ze zijn heel klein en in watten verpakt of voorzien van piepkleine vleugeltjes, zodat een flinke storm ze kilometers ver kan dragen. Het is hun doel om buiten het bos te landen en daar nieuwe leefgebieden te ontsluiten. Een fikse aardverschuiving, een vulkaan die net is uitgebarsten met enorme asvelden, afgebrande stukken grond – alles wordt geaccepteerd, als er maar geen grote bomen staan. En dat heeft een reden: pionierssoorten hebben een hekel aan schaduw. Die zou hen in hun drang naar boven namelijk afremmen, en wie langzaam groeit, heeft al verloren. Want onder de planten die zich als eerste hebben gevestigd barst een race om een plekje in de zon los. Tot deze haastige types behoren verschillende populierensoorten als de ratelpopulier de ruwe berk en ook de boswilg. Terwijl de hoogtegroei van kleine beuken en sparren slechts een paar millimeter per jaar is, ligt die bij de pionierssoorten soms op meer dan een meter. Zo staan er op braakliggende velden al na tien jaar jonge bossen, die ruisen in de wind. Dan gaan de meeste snelle starters ook al bloeien, om met hun zaden de sprong naar nieuwe terreinen te wagen. Daarnaast kunnen ze nu ook de laatste overgebleven vrije plekjes aarde van hun omgeving veroveren. Open terreinen zijn echter ook altijd aantrekkelijk voor planteneters. Want hier grijpen niet alleen bomen hun kans, maar ook grassen en kruiden, die in een gesloten bos niet aan hun trekken komen. En die planten trekken reeën, herten – of in vroeger tijden wilde paarden, oerossen en wisenten – aan. Grassen zijn erop ingesteld dat ze continu worden afgegraasd en zijn daar zelfs heel dankbaar voor, omdat de voor hen gevaarlijke jonge boompjes dan meteen ook uitgeroeid worden. Veel struiken die graag groter willen worden dan gras hebben gevaarlijke doornen ontwikkeld om vraatzuchtige dieren af te weren. De zwarte doorn bijvoorbeeld is zo nietsontziend dat zijn spitse punten – zelfs al zijn de planten al jaren dood – nog rubberen laarzen en zelfs autobanden kunnen doorboren, om nog maar te zwijgen van dierenvellen en -hoeven.

Pioniersbomen proberen zich op een andere manier te verweren. Doordat ze zo snel groeien, wordt hun stam navenant snel dikker en krijgt die een stevige, ruwe schors. Bij de berk is dat te zien aan het feit dat de gladde, witte bast openbarst en zwarte randen vormt. De planteneters kunnen daar met hun tanden niet doorheen komen, en bovendien smaakt het met oliën doordrenkte weefsel hun niet. Die eigenschap is overigens de reden waarom berkenbast ook in groene toestand uitstekend brandt en heel geschikt is om een kampvuur mee aan te maken (je hoeft alleen de buitenste laag eraf te trekken, zodat je de boom niet verwondt). En de bast heeft nog een andere verrassing te bieden. De witte kleur ervan is te herleiden naar de werkzame stof betuline, waaruit het grootste deel van de bast bestaat. Wit reflecteert zonlicht en beschermt de stam daarmee voor zonnebrand. Daarnaast voorkomt de witte kleur dat de boom opwarmt in het warme licht van de winterzon, waardoor hij anders open zou kunnen barsten. Berken staan als pioniersbomen vaak alleen op open terrein en hebben geen buren die schaduw op hen werpen – dus dat is heel zinvol. Het betuline heeft daarnaast ook nog een antivirale en antibacteriële werking, die intussen medisch wordt gebruikt: de stof is in veel huidverzorgingsproducten te vinden.[48] De grootste verrassing is de hoeveelheid. Als je als boom een groot deel van je bast uit afweerstoffen vormt, dan verkeer je voortdurend in staat van paraatheid. Dan is er geen zorgzaam uitgebalanceerd evenwicht tussen groei en genezende kracht, maar wordt er op alle vlakken continu met vereende krachten gewerkt om dit voor elkaar te krijgen. Waarom doet niet elke boomsoort dat op die manier? Is het niet slim om in principe zo goed te zijn voorbereid op aanvallen, dat potentiële aanvallers meteen na de eerste hap het loodje leggen? Voor sociaal levende soorten is dat geen alternatief, want elk individu heeft de gemeenschap, die indien nodig voor hem zorgt, hem tijdig waarschuwt en in ziekte en nood te eten geeft. Dat bespaart energie, die in hout, bladeren en vruchten kan worden geïnvesteerd.

Maar dat is niet het geval met de berk die zich er helemaal alleen doorheen wil slaan. Toch vormt ook die hout, en zelfs nog veel sneller, en ook de berk wil en kan zich voortplanten. Maar waar haalt hij de energie vandaan? Kan deze soort misschien efficiënter fotosynthese bedrijven dan andere? Nee, het geheim ligt in het feit dat ze zich tot het uiterste geven. Berken jakkeren door het leven en putten zichzelf uiteindelijk uit. Maar voor we naar de gevolgen gaan kijken, wil ik nog een andere rusteloze geest voorstellen: de esp of ratelpopulier. Zijn naam dankt hij aan zijn blaadjes, die al op het kleinste zuchtje wind reageren. En hoewel we deze eigenschap in spreekwoorden hebben verwerkt die in verband staan met angst (trillen als een espenblad), is de boom bepaald niet bang. De aan speciale steeltjes opgehangen bladeren fladderen in de wind doordat ze hun boven- en onderkant afwisselend in het licht houden. Op die manier kan met beide oppervlakken fotosynthese worden bedreven – in tegenstelling tot andere soorten, die de onderkant hebben gereserveerd voor de ademhaling. Ratelpopulieren kunnen daardoor meer energie opwekken en zelfs nog sneller groeien dan berken. Als het gaat om predatoren heeft de ratelpopulier een volkomen andere strategie: hij vertrouwt op hardnekkigheid en massa. Zelfs al wordt hij jarenlang telkens weer door reeën of koeien aangevreten, zijn wortelstelsel weet zich toch langzaam verder uit te breiden. Daaruit ontspruiten honderden loten, die zich in de loop van de jaren tot flinke bosjes ontwikkelen. Eén boom kan daardoor op een oppervlakte van honderden vierkante meters uitdijen – en in extreme gevallen nog veel verder. In Fishlake National Forest, in de Amerikaanse staat Utah, heeft een ratelpopulier zich in de loop van duizenden jaren uitgebreid op een terrein van 40 hectare en daarbij meer dan 40.000 stammen gevormd. Die wezens, ze zien eruit als een groot bos, kregen de naam 'Pando' (van het Latijnse *pandere*, dat 'uitbreiden' betekent).[49] Op kleinere schaal kun je zoiets ook in je eigen bos of velden waarnemen. Is het struikgewas ondoordringbaar genoeg geworden, dan kunnen individuele stammen zich in alle rust naar boven ontwikkelen en binnen 20 jaar grote bomen worden.

De continue strijd en de snelle groei worden echter duur betaald. Na de eerste dertig jaar komt de uitputting. Hoge takken, een graadmeter voor de vitaliteit van pioniersboomsoorten, worden nu steeds schaarser. Dat zou op zich niet zo erg zijn, maar onder de populieren, berken en wilgen begint het onheil zich samen te pakken. Omdat ze veel licht ongebruikt door hun kroon tot op de bodem laten doordringen, kunnen later gearriveerde soorten voet aan de grond krijgen. Het zijn de langzamere esdoorns, beuken, haagbeuken of ook zilversparren die hun jeugd sowieso liever in de schaduw doorbrengen. Die schaduw verlenen de pioniers ongewild, waarmee ze meteen hun doodvonnis tekenen. Want nu begint er een race die ze alleen maar kunnen verliezen. De vreemde boomkinderen groeien langzaam omhoog en halen de bomen in wier schaduw ze kunnen gedijen na een paar decennia ten slotte in. Die zijn intussen opgebrand, hebben het uiterste gegeven en blijven met hun groeihoogte op maximaal 25 meter steken. Voor beuken en aanverwante soorten is dat helemaal niks, die wurmen zich door de vreemde kronen heen en groeien er vrolijk bovenuit. Omdat ze als schaduwsoorten het licht duidelijk beter weten te benutten, komt er voor de voorbijgestreefde berken en populieren niet meer genoeg licht binnen. Toch verweren de in het nauw gebrachte bomen zich nog, en vooral treurberken hebben een strategie ontwikkeld om zich de lastige concurrentie in elk geval nog een paar jaar van het lijf te houden. Hun dunne, lange en hangende takken werken als zwepen, die al bij zachte wind om zich heen slaan. Ze beschadigen daarmee de kroon van vreemde buursoorten: bladeren en loten worden naar beneden geslagen en de groei wordt in elk geval korte tijd geremd. Toch zijn de onderhuurders op een gegeven moment de berken en populieren voorbijgestreefd en nu gaat het betrekkelijk snel. Nog maar een paar jaar en dan zijn de laatste reserves uitgeput, gaan ze dood en worden ze weer afgebroken tot humus.

Maar zelfs zonder de slagvaardige concurrentie van andere soorten, eindigt hun leven na een voor bosbomen korte levensduur. Want de vertraging van de hoogtegroei gaat gepaard met een verminderde resistentie tegen schimmels. Het afbreken van een dikke tak is al voldoende om een toegangspoort te vormen. Omdat het hout uit grote, snel gegroeide, veel lucht bevattende cellen bestaat, kunnen de ondermijnende schimmeldraden zich snel uitbreiden. De stam gaat overal rotten en omdat pioniersboomsoorten vaak vrij en alleen staan, duurt het niet lang of de eerstvolgende herfststorm velt de stam. Voor de soort op zich is dat geen ramp. Die heeft zijn doel om zich snel uit te breiden, snel geslachtsrijp te worden en zich vervolgens weer voort te planten allang bereikt.

Op naar het noorden!

Bomen kunnen niet lopen, dat weet iedereen. Het is echter ook een feit dat ze zich toch moeten verplaatsen. Maar hoe doe je dat als je niet kunt lopen? De oplossing ligt in de wisseling van de generaties. Elke boom moet het zijn hele leven zien uit te houden op de plek waar hij als zaadje ooit wortel heeft geschoten. Maar hij kan zich wel voortplanten en het korte moment dat de boomembryo's nog in zaad verpakt liggen te sluimeren zijn ze vrij. Zodra ze van de boom vallen, kan de reis beginnen. Sommige soorten hebben veel haast. Ze rusten hun nageslacht uit met fijne haartjes, zodat ze licht als een veertje op de eerstvolgende windvlaag wegzweven. Soorten die op die strategie vertrouwen moeten heel kleine zaadjes vormen, die zo licht mogelijk zijn. Populieren en wilgen produceren zulke piepkleine vliegtuigjes en kunnen die kilometers ver op reis sturen. Het voordeel van de grotere actieradius heeft als keerzijde dat de zaadjes amper reservestoffen bevatten. Het ontkiemende zaadje moet zich snel op eigen kracht zien te voeden en is daardoor heel kwetsbaar voor een gebrek aan voedingsstoffen of droogte. Iets zwaarder zijn de zaden van berken, esdoorns, haagbeuken, essen en naaldbomen. Met een vachtje kunnen die niet meer vliegen, dus worden de vruchten uitgerust met vliegondersteuning. Sommige soorten, zoals naaldbomen, bouwen echte rotors, die de val sterk vertragen. Komt er nu nog een storm bij, dan kan het zaadje wel een paar kilometer verderop vliegen. Die afstand kunnen soorten met zware vruchten, zoals de eik, de kastanje of de beuk, nooit afleggen. Daarom zien die helemaal af van constructieve hulpmiddelen en gaan in plaats daarvan een bondgenootschap met de dierenwereld aan. Muizen, eekhoorntjes en Vlaamse gaaien zijn dol op de olie- en zetmeelrijke zaden. Die worden als wintervoorraden in de bodem van het bos verstopt en worden vaak niet meer teruggevonden of de dieren hebben ze niet meer nodig. Soms zorgt een hongerige bosuil ervoor dat een grote bosmuis zelf als maaltje eindigt. Alleen op die manier kunnen de kleine knaagdieren een bijdrage aan de voortplanting van de bomen leveren, al is die heel gering. Vaak leggen de dieren hun wintervoorraad pal aan de voet van de stam van een imposante beuk aan, waarvan ze de beukennootjes verzamelen. Tussen de worteluitlopers vormen zich vaak kleine droge holtes, waar zich graag bewoners vestigen. Is er een muis ingetrokken, dan kun je voor de holte verzamelde en leeggegeten beukennootjes vinden. Een paar meter verderop in de vrije grond worden minimaal een paar opslagplaatsen aangelegd: die voorraden ontkiemen dan na de dood van de muis het volgende voorjaar en worden tot nieuw bos.

De afgelegde afstand van de zwaargewichten is per Vlaamse gaai het grootst. Die kan eikels en beukennootjes kilometers ver vervoeren. Het eekhoorntje komt niet verder dan een paar honderd meter, terwijl muizen hun voorraden niet gauw verder dan tien meter van de boom begraven. Snel ben je als soort met zware vruchten dus niet! Maar de grote voorraad aan voedingsstoffen zorgt voor een buffer, waardoor het zaadje het eerste jaar goed kan doorstaan.

Populieren en wilgen kunnen dus veel sneller nieuwe leefgebieden ontsluiten, bijvoorbeeld als een vulkaanuitbarsting voor een totaal nieuwe situatie zorgt en alles op nul zet. Maar omdat ze niet erg oud worden en bovendien veel licht op de grond toelaten, leven later arriverende boomsoorten ook op hun kosten. Maar waarom zou je überhaupt van plaats veranderen? Kun je als bos niet gewoon blijven op de plek waar het nu prettig en aangenaam is? De ontsluiting van nieuwe leefgebieden is vooral noodzakelijk omdat het klimaat continu verandert. Dat gaat natuurlijk heel geleidelijk en duurt eeuwen, maar op een gegeven moment is het uit met de verdraagzaamheid en wordt het onvermijdelijk te warm, te koud, te droog of te nat voor de betreffende soort. Dan moet die wijken voor andere soorten en wijken betekent verkassen. Een dergelijke verhuizing vindt op dit moment in onze bossen plaats. De oorzaak is niet alleen de huidige klimaatverandering, waardoor de gemiddelde temperatuur al een graad is gestegen, maar ook de overgang van de laatste ijstijd naar een warme tijd. En vooral de ijstijden zijn verraderlijk. Wordt het in de loop van de eeuwen steeds kouder, dan moeten de boomsoorten zich terugtrekken naar zuidelijker streken. Verloopt die overgang mooi langzaam en verspreid over meerdere generaties, dan slaagt de verhuizing naar het Middellandse Zeegebied. Rukt het ijs sneller op, dan haalt het de bossen in en slokt het de treuzelende soorten op. Zo waren er drie miljoen jaar geleden naast onze tegenwoordige beuken ook grootbladige beuken te vinden. En terwijl de beuk erin slaagde de sprong naar Zuid-Europa te maken, stierf de langzamere grootbladige beuk uit. Een van de redenen waren de Alpen. Die vormen een natuurlijke barrière, die de bomen de vluchtroute verspert. Om die te bedwingen, moesten ze zich in de hoge gebieden vestigen om vervolgens weer af te dalen. Maar hogere gebieden zijn in de warme tijden al te koud, zodat het leven van veel boomsoorten bij de boomgrens eindigde. Grootbladige beuken zijn er tegenwoordig alleen nog in het oosten van Noord-Amerika. De populaties konden daar overleven, omdat er op dat continent geen van oost naar west lopende gebergten zijn die het land afsluiten. Ze konden daardoor zonder belemmering naar het zuiden uitwijken en zich na de ijstijd weer naar het noorden uitbreiden.

Onze beuk is het echter, samen met een paar andere boomsoorten, gelukt om zich om de Alpen heen te wurmen en op beschutte plekken tot de huidige warme tijd te overleven. Die betrekkelijk weinige soorten hebben de laatste duizenden jaren vrij spel gehad en zijn tot op heden onderweg naar het noorden – min of meer altijd nog in het kielzog van het smeltende ijs. Zodra het warmer werd hadden de kiemende zaadjes weer een kans, groeiden uit tot volwassen bomen en verspreidden nieuwe zaden, die erin slaagden om kilometer voor kilometer naar het noorden te komen. De gemiddelde snelheid van een dergelijke reis ligt overigens bij 400 meter – per jaar. Beuken zijn bovendien erg langzaam. Hun zaden worden niet zo vaak door Vlaamse gaaien vervoerd zoals die van de eik, en andere soorten verspreiden zich vanzelf via de wind en vestigen zich veel sneller op open terrein. Toen de gemoedelijke beuk circa 4.000 jaar geleden terugkeerde, stonden er in de bossen al eiken en hazelaars. Dat maakte de beuk niets uit, want je weet immers al wat zijn strategie is. Hij verdraagt veel meer schaduw dan andere bomen en kan dus zonder problemen aan de voet daarvan ontkiemen. Het beetje restlicht dat eiken en hazelaars doorlieten naar de bodem was genoeg voor de kleine veroveraars om gestaag naar boven te groeien en op een dag door de kronen van de concurrentie heen te stoten. Het onvermijdelijke gebeurde: de beuken groeiden de vroege boomsoorten boven het hoofd en beroofden hen van het licht dat ze nodig hadden om te overleven. Die meedogenloze zegetocht naar het noorden strekt zich tegenwoordig uit tot Zuid-Zweden, maar is nog niet beëindigd. Of zou al beëindigd zijn, als de mens niet had ingegrepen. Met de komst van de beuk begonnen onze voorouders het ecosysteem van het bos ingrijpend te veranderen. Ze rooiden alle bomen die om hun nederzettingen heen stonden, om plaats te maken voor akkerbouw. Voor het vee werden er nog meer stukken kaal geslagen; en omdat er toen nog steeds niet genoeg plek was, dreef men koeien en varkens gewoon het bos in. Voor de beuk was dat catastrofaal, want zijn nageslacht blijft immers eeuwen dicht bij de grond voordat het de hoogte in mag schieten. In die periode zijn zijn topknoppen weerloos overgeleverd aan de planteneters. Oorspronkelijk was de dichtheid van de zoogdierenpopulatie buitengewoon klein, omdat een dergelijk bos nauwelijks voeding biedt. De kans om het ongestoord en niet-aangevreten 200 jaar uit te houden was, voordat de mens ten tonele verscheen, heel groot. Maar vervolgens kwamen er constant herders met hun hongerige kuddes langs, die zich op de smakelijke knoppen stortten. In de door houtkap uitgedunde bestanden konden andere boomsoorten, die het daarvoor tegen de beuk moesten afleggen, terrein winnen. Daardoor werd de verplaatsing van de beuk na de ijstijd sterk belemmerd, en kon die in veel gebieden tot op de dag van vandaag niet gaan groeien. De laatste eeuwen kwam daar de jacht nog bij, waardoor paradoxaal genoeg de herten-, wilde zwijnen- en reeënpopulaties behoorlijk groeiden. Door massaal voederen door de jagers die vooral geïnteresseerd waren in de vermeerdering van de mannelijke geweidragers, namen de populaties toe, tot het vijfvoudige van het natuurlijke niveau. De Duitstalige landen hebben op dit moment de hoogste planteneterdichtheid ter wereld, zodat kleine beukjes het zwaarder hebben dan ooit. Ook de bosbouw beperkt de uitbreiding. Zo staat in Zuid-Zweden de ene sparren- en dennenplantage naast de andere, op plekken waar eigenlijk de beuk thuishoort. Op een paar exemplaren na is hij daar nauwelijks te vinden, maar hij staat in de startblokken. Zodra de mens zich er niet meer mee bemoeit, zal hij zijn verhuizing naar het noorden voortzetten.

De langzaamste migrant is de zilverspar, onze enige inheemse dennensoort. Zijn naam dankt hij aan zijn lichtgrijze bast, waarmee hij zich duidelijk onderscheidt van de spar met zijn roodbruine bast. Net als de meeste boomsoorten doorstond de zilverspar de ijstijd in Zuid-Europa – waarschijnlijk in Italië, de Balkanlanden en Spanje.[50] Van daaruit verhuisde hij de andere bomen achterna, maar slechts met een snelheid van 300 meter per jaar. Sparren en dennen namen een voorsprong op hem, omdat hun zaden duidelijk lichter zijn en beter kunnen vliegen. Zelfs de beuk was met haar zware beukennootjes sneller: dankzij de Vlaamse gaai. Kennelijk heeft de zilverspar de verkeerde strategie ontwikkeld, want goed vliegen kunnen haar zaden ondanks een klein zeiltje niet, en ze zijn te groot om door vogels verspreid te worden. Er zijn weliswaar soorten die dennenzaden eten, maar daar hebben de naaldbomen betrekkelijk weinig aan. Zo verzamelt de notenkraker, die overigens eerder een voorkeur heeft voor de zaden van de alpenden, weliswaar ook de zaden van de zilverspar en legt die op verzamelplaatsen. Maar in tegenstelling tot de Vlaamse gaai, die eikels en beukennootjes overal in de grond verstopt, hamstert de notenkraker zijn voorraden op beschutte, droge plekken. Zelfs als hij eens een van die voorraden zou vergeten, ontkiemt er geen enkel zaadje vanwege het vochtgebrek. Zilversparren hebben het dus zwaar. Terwijl de meeste van onze inheemse boomsoorten intussen al in Scandinavië op stap zijn, is de zilverspar niet verder gekomen dan de Harz. Maar wat zijn een paar eeuwen vertraging nou voor bomen? Dennen verdragen tenslotte de diepste schaduw en kunnen zelfs onder beuken groeien. Zo weten ze zich langzamerhand zelfs in bestaande bossen te handhaven en kunnen ze op een gegeven moment uitgroeien tot forse bomen. Hun achilleshiel daarbij is hun aantrekkelijkheid voor reeën en herten, die op dit moment een verdere verspreiding verhinderen, doordat ze op veel plaatsen alle dennenkroost opvreten.

Waarom is de beuk in Midden-Europa eigenlijk zo'n formidabele concurrent? Of laten we de vraag andersom stellen: als hij zich zo goed weet te handhaven tegenover andere soorten, waarom zijn er dan niet overal ter wereld beuken? Het antwoord is simpel. Hun sterke kanten komen alleen tot hun recht onder de huidige klimaatomstandigheden, die hier beïnvloed worden door de relatief dichtbij gelegen Atlantische Oceaan. Afgezien van de bergen (waar beuken in hoge gebieden niet voorkomen) zijn de temperaturen heel gelijkmatig. Koele zomers worden afgewisseld met zachte winters, en de neerslag is met 500 tot 1.500 millimeter per jaar precies zoals beuken dat prettig vinden. Water is een van de sleutelfactoren voor de groei van bossen, hier zijn de beuken in het voordeel. Om een kilo hout te produceren verbruiken ze 180 liter water. Vind je dat veel? De meeste andere bomen hebben tot 300 liter water nodig, bijna twee keer zoveel, en dat is doorslaggevend voor het vermogen om snel naar boven te groeien en andere soorten te verdringen. Sparren bijvoorbeeld zijn van nature zuipschuiten, omdat watergebrek in hun vochtig koude comfortzone van het Hoge Noorden een onbekend verschijnsel is. In Midden-Europa worden dat soort omstandigheden alleen geboden door de hooggelegen gebieden vlak onder de boomgrens. Daar regent het veel en door de lage temperaturen vindt er bijna geen verdamping plaats. Daar kun je het je permitteren om verkwistend met water om te gaan. In de meeste lagergelegen gebieden kan daarentegen de spaarzame beuk scoren, die ook in drogere jaren nog flink kan groeien en daarmee de verkwisters snel boven het hoofd groeit. Het nageslacht van de concurrentie wordt in dikke looflagen op de bodem verstikt, waar de beukenzaailingen zich zonder problemen doorheen weten te wurmen. Samen met zijn extreme lichtverbruik waardoor er voor de andere soorten niets overblijft, met zijn vermogen voor zichzelf het passende microklimaat met vochtige lucht te creëren, een goede humusvoorraad in de bodem op te bouwen en met zijn takken water te verzamelen, is hij op dit moment in Midden-Europa onoverwinnelijk. Maar inderdaad alleen daar. Zodra het klimaat continentaler wordt, krijgt deze boomsoort het zwaar. Continu hete, droge zomers, bitterkoude winters, daar kan hij niet goed tegen, en dan moet hij wijken voor andere soorten als de eik. Zulke omstandigheden heb je in het oosten van Europa. Terwijl de zomers nog acceptabel zijn, is het koude jaargetijde in Scandinavië ook niets voor de beuk. En in het zonnige zuiden is hij alleen in staat zich in hoge gebieden te vestigen, waar het niet zo heet is. De beuk zit door zijn klimaateisen momenteel dus gevangen in Midden-Europa. De klimaatverandering maakt het noorden echter warmer en dus kan hij zich in de toekomst verder in die richting uitbreiden. Tegelijkertijd wordt het in het zuiden dan onherroepelijk te warm, zodat zijn hele verspreidingsgebied naar het noorden verschuift.

Mooi resistent

Waarom worden bomen eigenlijk zo oud? Ze zouden het toch net zo kunnen doen als kruidachtigen: een zomerhalfjaar met volle kracht vooruit groeien, bloeien, zaad vormen en dan weer tot humus worden. Dat zou een belangrijk voordeel hebben. Elke generatiewisseling biedt de kans tot genetische verandering. Mutaties ontstaan nu eenmaal vooral goed bij een paring of een bevruchting, en in een constant veranderend milieu is aanpassing nodig om te kunnen overleven. Muizen bijvoorbeeld planten zich voort met tussenpozen van een paar weken; vliegen nog veel sneller. Telkens weer treden bij zulke successies beschadigingen aan de genen op, waardoor toevallig een bijzondere eigenschap naar voren komt. Om kort te gaan: dat noemen we evolutie. Die helpt bij de aanpassing aan zich veranderende milieuomstandigheden en garandeert daarmee de overleving van de betreffende soort. Hoe korter de successiereeksen, hoe sneller dieren en planten zich kunnen aanpassen. Bomen lijken lak te hebben aan die wetenschappelijk vastgestelde noodzaak. Ze worden gewoon stokoud: gemiddeld honderden, soms zelfs duizenden jaren. Natuurlijk planten ze zich minstens elke vijf jaar voort, maar een echte successie vindt dan meestal niet plaats. Wat heeft het voor zin als een boom honderdduizenden nakomelingen produceert als die geen eigen plek kunnen vinden? Zolang hun eigen moeder bijna al het licht opvangt, kan er onder haar bijna niets gebeuren, dat heb ik al eerder verteld. Zelfs als de bomenkinderen geniale nieuwe kenmerken vertonen, moeten ze vaak honderden jaren wachten voor ze zelf voor het eerst gaan bloeien en daarmee hun genen kunnen doorgeven. Het gaat allemaal gewoon veel te langzaam. En dat zou normaal gesproken nauwelijks uit te houden zijn.

Kijken we terug op de recente klimaatgeschiedenis, dan wordt die gekenmerkt door fikse schommelingen. Hoe sterk die zijn, bleek op een groot bouwterrein bij Zürich. Daar stuitten arbeiders op relatief verse boomstronken, die ze aanvankelijk achteloos aan de kant legden. Daar werden ze ontdekt door een onderzoeker, die er monsters van nam en de leeftijd liet onderzoeken. Het resultaat: de stronken waren afkomstig van pijnbomen die daar ongeveer 14.000 jaar geleden groeiden. Nog verbazingwekkender waren de temperatuurschommelingen van toen. Binnen slechts dertig jaar zakte de temperatuur 6 graden om vervolgens weer flink te stijgen. Dat komt overeen met de worstcasescenario's met betrekking tot de klimaatverandering die ons misschien aan het eind van deze eeuw te wachten staat. En de afgelopen eeuw met de steenkoude jaren veertig, de recorddroogte van de jaren zeventig en de veel te warme jaren negentig was al heel lastig voor de natuur. Bomen konden dat om twee redenen stoïcijns verdragen. Zij vertonen een grote klimaattolerantie. Zo groeit de inheemse beuk van Sicilië tot Zuid-Zweden – terwijl die leefgebieden weinig gemeen hebben. Ook berken, pijnbomen en eiken zijn heel flexibel. Toch is dat niet voldoende om aan alle eisen te voldoen. Want met de schommelende temperaturen en regenval trekken veel dier- en schimmelsoorten van het zuiden naar het noorden en omgekeerd. Dat betekent dat bomen zich ook nog op onbekende parasieten moeten voorbereiden. Bovendien kan ook het klimaat zo sterk veranderen dat het niet meer binnen acceptabele grenzen valt. En omdat bomen geen benen hebben en niet kunnen weglopen en ook niet op hulp van vreemden kunnen rekenen, moeten ze hun eigen boontjes zien te doppen. De eerste mogelijkheid kunnen ze aan het allereerste begin van hun leven benutten. Al kort na de bevruchting, als in de bloesem de zaadjes rijpen, kunnen die op de milieuomstandigheden reageren. Is het heel warm en droog dan worden er overeenkomstige genen geactiveerd. Zo is bij de spar aangetoond dat haar zaailingen onder zulke omstandigheden meer warmtetolerantie vertonen dan daarvoor. Maar de boompjes verliezen in gelijke mate hun vorstresistentie.[51] Ook volwassen bomen kunnen reageren. Doorstaan ze een droogteperiode met watergebrek, dan gaan ze in de toekomst duidelijk spaarzamer om met vocht en zuigen de bodem niet al aan het begin van de zomer leeg. De bladeren en naalden zijn de organen waarmee het meeste water verdampt. Merkt de boom dat de hoeveelheid water krap wordt en dat dorst een blijvend probleem wordt, dan kweekt hij een dikkere huid. De beschermende waslaag aan de bovenkant van de bladeren wordt steviger en de afsluitlaag van cellen die ook afdichtend werken wordt meermaals over elkaar aangelegd. Zo sluit de boom zich af, maar daardoor kan hij ook niet meer zo goed ademen.

Is zijn repertoire uitgeput dan gaat de genetica een rol spelen. Zoals ik hiervoor al uiteen heb gezet, duurt een successiereeks bij bomen extreem lang. Een snelle aanpassing valt als reactiemogelijkheid dus uit. Maar het kan ook anders. In een natuurlijk bos zijn de genen van bomen van één soort heel verschillend. Wij mensen liggen met onze genen dicht bij elkaar en zijn evolutionair gezien met elkaar verwant. De beuken van een lokale populatie daarentegen liggen genetisch gezien net zover uit elkaar als verschillende diersoorten.

Daardoor heeft elke boom heel verschillende individuele eigenschappen. Sommige kunnen beter met droogte omgaan dan met kou, andere hebben weer een sterke resistentie tegen insecten, terwijl weer andere misschien bijna immuun zijn voor natte voeten. Veranderen de milieuomstandigheden, dan zijn als eerste de exemplaren de klos die daarmee het slechtst overweg kunnen. Er gaan een paar oude bomen dood, maar het overgrote deel van het bos blijft bestaan. Worden de omstandigheden extremer, dan kan daardoor het grootste deel van de bomen van een soort het loodje leggen, zonder dat dit een ramp is. Meestal blijft er een voldoende grote restpopulatie over om nog genoeg vruchten en ook schaduw voor de volgende generatie te vormen. Voor de oude beukenbestanden van mijn district heb ik dat aan de hand van de beschikbare wetenschappelijke gegevens een keer uitgerekend: zelfs wanneer we hier in Hümmel op een gegeven moment Spaanse klimaatomstandigheden zouden hebben, zou het grote merendeel van de bomen daartegen moeten kunnen. De enige voorwaarde is dat het bos niet door houtkap in zijn sociale structuur wordt gestoord en zijn microklimaat zelf kan blijven regelen.

Stormachtige tijden

In het bos verloopt niet altijd alles volgens plan. En ook al is dit ecosysteem enorm stabiel, en doen zich vaak eeuwenlang geen ingrijpende veranderingen voor, dan kan er toch in één klap een natuurramp tussendoor komen. Over de winterstormen heb ik het al gehad, en als een dergelijke orkaan hele sparrenbossen velt, dan betreft dat in de regel kunstmatige bossen van sparren of dennen. Die staan vaak op beschadigde, met machines verdichte en daardoor amper doorwortelbare grond, en kunnen zich dus niet goed vasthouden. Bovendien worden deze naaldbomen bij ons veel groter dan in hun oorspronkelijke vaderland in het noorden van Europa en behouden ze hun naalden ook in het koude jaargetijde. Het resultaat is dat ze veel wind vangen, wat gepaard gaat met de hefboomwerking van de lange stam. Dat de zwakke wortels dan niet standhouden is dus geen ramp, maar gewoon logisch.

Er zijn echter stormen waarbij ook natuurlijke bossen in elk geval plaatselijk schade ondervinden. Bijvoorbeeld door tornado's met wervelwinden die binnen een paar seconden van richting veranderen, waar geen enkele boom tegen opgewassen is. Omdat ze vaak gepaard gaan met onweersbuien, die in onze streken bijna alleen in de zomer voorkomen, komt er nog een component bij: op dat moment hebben de loofbomen hun blaadjes nog aan de takken. In de 'normale' stormmaanden oktober tot maart zijn beuken en aanverwante soorten op hun takken na kaal, en daarmee gestroomlijnd. In juni of juli daarentegen houden bomen geen rekening met dit soort problemen. Als er dan een tornado door het bos raast, pakt hij eerst de kronen en rukt die er met grof geweld compleet af. De versplinterde stamresten staan er dan als gedenktekens van die atmosferische overval bij en zijn nog lang de stille getuigen van de natuurkrachten.

Tornado's zijn echter heel zeldzaam, zodat een eigen afweerstrategie daartegen evolutionair gezien duidelijk niet lonend is. Veel vaker treedt er een ander soort schade op bij onweersbuien: hele kronen storten in door de stortregens. Als er binnen een paar minuten enorme massa's water op de bladeren terechtkomen, moet de boom een gewicht van duizenden kilo's zien te verwerken. Daar zijn de meeste loofbomen niet op voorbereid. Het soort extra gewicht waarmee ze weten om te gaan, verschijnt in de winter in de vorm van sneeuw; en die valt er mooi tussendoor, omdat de blaadjes dan immers al op de grond liggen. In de zomer doet het probleem zich niet voor, en een beuk of eik kan een normale regenbui zonder problemen aan. Zelfs een plensbui hoeft geen probleem te zijn als een boom normaal gegroeid is. Penibel wordt het pas wanneer de stam of de takken verkeerd geconstrueerd zijn. Een kenmerkende gevaarlijke takafwijking is wat in het Duits een *Unglücksbalken* of in het Engels een *hazard beam* wordt genoemd. Een regelmatige tak groeit als een boog. Als hij uit de stam komt gaat hij eerst een beetje naar boven, groeit dan een tijdje horizontaal rechtdoor en zakt vervolgens weer een beetje naar beneden. Zo kan hij lasten van boven goed opvangen zonder te breken. Dat is heel belangrijk, want de takken van oudere bomen kunnen meer dan tien meter lang worden. Daardoor treden er enorme hefboomkrachten op, die aan de aanzet aan de stam trekken. Sommige bomen willen zich kennelijk toch niet aan het beproefde patroon houden. Bij hen wijzen de takken eerst weg van de stam om vervolgens boogvormig naar boven te streven en in die richting door te groeien. Worden zulke constructies naar beneden gebogen, dan wordt het gewicht niet verend opgevangen, maar breekt de tak, omdat de onderste vezels (aan de buitenbocht) worden samengedrukt en die aan de binnenkant worden overrekt. Soms is zelfs de hele stam verkeerd geconstrueerd, en tijdens een onweersbui bezwijken die bomen dan ook. Uiteindelijk worden onverstandige bomen door een harde selectie uitgeschakeld.

Soms ligt het helemaal niet aan de boom zelf, als de druk van boven te groot wordt. Meestal gebeurt dat in de maanden maart en april, als sneeuw van licht dons in iets zwaars verandert. Aan de grootte van de vlokken kun je zelf zien wanneer het gevaarlijk wordt. Bereiken die een doorsnede van een 2 euromunt, dan wordt het hachelijk. Dan heb je te maken met zogenaamde natte sneeuw, die veel water bevat en erg kleverig is. Die papt vast aan de takken, valt niet naar beneden en hoopt zich op tot zware vrachten. Bij grote, imposante bomen breken er dan veel takken af. Dat is vooral tragisch voor halfvolwassen bomen. Die staan er slungelachtig bij, met hun kronen in de wachtstand en breken door sneeuwmassa's of buigen zo krom dat ze zich niet meer kunnen oprichten. De hele kleintjes lopen echter geen gevaar, omdat hun stammetje simpelweg te kort is. Let er bij je volgende boswandeling maar eens op: juist onder de bomen van middelbare leeftijd zijn er heel wat die door dat soort weersomstandigheden volledig zijn verbogen.

Net als sneeuw, maar veel romantischer, is rijp. Tenminste voor ons, want alle planten zien eruit alsof ze bedekt zijn met suikerkristallen. Als de temperatuur onder het vriespunt daalt en er mist bij komt, verbinden fijne druppeltjes zich meteen met takken en naalden zodra ze daarmee in contact komen. Na een paar uur is het hele bos wit, ook al is er geen sneeuwvlok gevallen. Houdt dat weer dagenlang aan, dan kunnen zich honderden kilo's rijp in de boomkronen afzetten. Als de zon vervolgens door een gat in de mist heen breekt, schitteren alle bomen sprookjesachtig. Maar eigenlijk gaan ze gebukt onder het enorme gewicht en beginnen ze gevaarlijk door te buigen. Wee de bomen die een zwakke plek in hun hout hebben. Dan volgt er een droog gekraak, dat als een pistoolschot weergalmt door het bos, en breekt de hele kroon af en slaat tegen de grond.

Zulke weersomstandigheden komen gemiddeld elke tien jaar voor, wat voor een boom betekent dat hij dit in zijn leven zo'n vijftig keer moet doormaken. Het gevaar is voor hem des te groter, naarmate hij minder goed in een gemeenschap met soortgenoten geïntegreerd is. Eenlingen, die onbeschermd in de koude mist staan, worden hierdoor duidelijk vaker getroffen dan exemplaren met een goed netwerk in het dichte bos, die steun kunnen vinden bij hun buren. Bovendien strijkt de lucht dan eerder alleen over de kronen heen, zodat hoogstens de toppen flink verijsd raken.

Het weer heeft echter nog meer pijlen op zijn boog, zoals bliksemschichten. Misschien ken je de oude uitdrukking wel voor onweer in het bos: eiken moet je wijken, boeken moet je zoeken (of: beuken moet je zeuken)? Dit berust op het feit dat in veel knoestige eiken centimeters brede spleten te zien zijn waar de bliksem is ingeslagen en de bast tot diep in het hout is opengebarsten. In beukenstammen heb ik dat nog nooit gezien. Maar de conclusie dat bliksem nooit in die bomen zou inslaan, is even onjuist als gevaarlijk. Bescherming bieden grote, oude beuken zeker niet, want ze worden even vaak getroffen. Dat er bij hen nauwelijks schade achterblijft, ligt vooral aan hun gladde bast. Bij onweer regent het vaak en de neerslag die langs de niet-gegroefde stam naar beneden loopt, vormt een doorlopend laagje. Daardoor wordt de elektriciteit oppervlakkig afgeleid, omdat water elektriciteit veel beter geleidt dan hout. Eiken daarentegen hebben een ruwe bast. Naar beneden stromend water vormt kleine cascaden en drupt in honderden miniwatervalletjes op de grond. Zo wordt de bliksemstroom telkens onderbroken en het vochtige hout van de buitenste jaarringen, die belast zijn met het watertransport in de boom, heeft in dit geval de minste weerstand. Dat barst door de grote energie met een knal open, en je kunt er zelfs jaren later nog aan zien wat de boom is overkomen.

De geïmporteerde Noord-Amerikaanse douglassparren vertonen met hun grove baststructuur een soortgelijk beeld. Daarnaast lijken hun wortels echter veel gevoeliger te zijn. Al twee keer heb ik in mijn district gezien dat niet alleen de getroffen boom doodging, maar dat ook tien andere soortgenoten in een omtrek van vijftien meter na het inslaan van de bliksem hetzelfde lot overkwam. Kennelijk waren ze ondergronds verbonden met het slachtoffer van de bliksem, en kregen ze nu geen suikeroplossing maar een dodelijke lading energie.

Bij onweer met heftige ontladingen kan er nog iets anders gebeuren: er breekt brand uit. Zoiets heb ik een keer midden in de nacht meegemaakt toen de brandweer in het gemeentebos uitrukte om een brandje te blussen. Een oude spar was getroffen, waarin de vlammen beschermd waren tegen de stromende regen en uit het vermolmde hout naar boven lekten. Alles was snel geblust, maar ook zonder de hulp van buiten zou er niet veel gebeurd zijn. Het bos eromheen was kletsnat, het was niet erg waarschijnlijk dat het vuur zou overslaan naar de andere bomen. Op branden zijn onze inheemse bossen niet ingesteld. De ooit overheersende loofbomen kun je niet aansteken, omdat hun hout geen hars of etherische oliën bevat. Daarom heeft ook geen enkele boomsoort een mechanisme ontwikkeld dat op hitte reageert. Dat zoiets wel bestaat, laten de kurkeiken in Portugal en Spanje zien. Hun dikke bast beschermt hen tegen de hitte van bodemvuren en laat de eronder liggende knoppen daarna weer uitlopen.

In onze streken kunnen alleen de monotone sparren- en dennenplantages, waarvan de naalden in de zomer gortdroog worden, ten prooi vallen aan vuur. Maar waarom slaan naaldbomen zoveel brandbare stoffen in hun bast en bladeren op? Als in hun natuurlijke verspreidingsgebied branden aan de orde van de dag zijn, dan zouden ze toch juist moeilijk ontvlambaar moeten zijn? Een maximumleeftijd zoals bij de Zweedse sparren in Dalarna, die duidelijk boven de 8.000 jaar ligt, zou niet mogelijk zijn als ze zeker elke 200 jaar zouden worden geteisterd door brand. Ik denk dat onoplettende mensen al sinds duizenden jaren onopzettelijk, bijvoorbeeld met hun kookvuren, voor zulke verwoestingen in het bos hebben gezorgd. De weinige blikseminslagen die wel kleine, plaatselijke branden veroorzaakten, kwamen zo zelden voor dat de boomsoorten van Europa zich daarop niet hebben ingesteld. Let bij nieuws over bosbranden maar eens op de oorzaak: meestal wordt in verband daarmee een onderzoek naar menselijke veroorzakers ingesteld.

Minder gevaarlijk, maar daarom des te pijnlijker is een verschijnsel waar ik zelf lange tijd niets van wist. Onze houtvesterswoning ligt op een bergrug op net 500 meter hoogte, en de diep uitgeslepen beken eromheen brengen het bos geen schade toe, integendeel. Dat is bij grote rivieren echter anders. Die treden regelmatig buiten hun oevers en daardoor hebben zich op de randen daarvan heel bijzondere ecosystemen gevormd: de ooibossen. Welke boomsoorten daar voet aan de grond kunnen krijgen hangt af van de soort en van de frequentie van het hoogwater. Stroomt dat snel en blijft dat een paar maanden per jaar staan, dan gaan wilgen en populieren het beeld bepalen. Zij kunnen ertegen om lang in het water te staan. Zulke omstandigheden tref je meestal dicht bij de rivier aan en hier vormt zich dan dat zachthoutooibos. Verder van de rivier, en vaak een paar meter hoger gelegen, is er minder vaak hoogwater; en als dat na het smelten van de sneeuw in het voorjaar komt vormen zich grote meren, waarin het water maar langzaam stroomt. Voordat de bomen uitbotten is het meestal weer weggevloeid, en dat zijn omstandigheden waarmee eiken en iepen goed om kunnen gaan. Zij behoren tot het hardhoutooibos, een ecosysteem dat in tegenstelling tot wilgen en populieren heel gevoelig op hoogwater in de zomer reageert. De verder zo robuuste bomen kunnen er dood door gaan, doordat hun wortels stikken.

Echt pijn doet de rivier hun echter in sommige winters. Tijdens een excursie door een hardhoutooibos aan de Elbe viel me op dat er bij alle stammen van het bos bast was afgesprongen. Alle schade bevond zich op dezelfde hoogte: op ongeveer twee meter. Zoiets had ik nog nooit gezien en samen met de andere deelnemers peinsde ik me suf waar dat aan kon liggen. Tot de medewerker van het Biosferenreservaat het raadsel oploste: de verwondingen waren te wijten aan het ijs. Als de Elbe in heel koude winters dichtvroor, vormden zich dikke ijsschotsen. Als lucht en water in het voorjaar opwarmden, dreven die met het hoogwater tussen de eiken en iepen en botsten tegen de stammen. Omdat de waterstand overal even hoog was, waren die wonden bij alle bomen op dezelfde plek te vinden.

Door de klimaatverandering zal kruiend ijs op de Elbe op een gegeven moment tot het verleden behoren. Maar de oudere bomen, die al sinds het begin van de twintigste eeuw allerlei capriolen van het weer hebben meegemaakt, zullen met de littekens op hun stam nog lang van die voorvallen getuigen.

Nieuwe burgers

Doordat de bomen zich verplaatsen, verandert het bos voortdurend. En niet alleen het bos: de hele natuur. Dat is ook de reden dat menselijke pogingen om bepaalde landschappen te conserveren vaak mislukken. Wat wij zien is altijd slechts een korte periode van schijnbare stilstand. In het bos is die illusie bijna perfect, omdat bomen tot de langzaamste tijdgenoten van onze omgeving behoren, en veranderingen aan natuurlijke bossen dus pas over vele menselijke generaties waarneembaar zijn. Een van die veranderingen is de komst van nieuwe soorten. Door vroege ontdekkingsreizigers, die planten meenamen naar hun vaderland, en nog meer door de moderne bosbouw werden op grote schaal boomsoorten ingevoerd die hun weg naar ons nooit alleen gevonden zouden hebben. Namen als douglasspar, Japanse lariks of reuzenzilverspar komen in geen enkel volkslied of gedicht voor, omdat ze nog niet zijn verankerd in ons sociale geheugen. Die emigranten hebben een bijzondere positie in het bos. In tegenstelling tot natuurlijk reizende boomsoorten zijn ze zonder hun kenmerkende ecosysteem naar ons toe gekomen. Alleen de zaden werden geïmporteerd, wat tot gevolg heeft dat de meeste schimmels en alle insecten in het oude vaderland zijn gebleven. De douglasspar en aanverwanten konden hier helemaal opnieuw beginnen. Iets wat zeker voordelen kan hebben: ziekten door parasieten ontbreken geheel – in elk geval de eerste tientallen jaren. Een vergelijkbare situatie ervaren mensen op Antarctica. Daar is de lucht bijna kiem- en stofvrij – wat, als het continent niet zo afgelegen lag, ideaal zou zijn voor mensen met allergieën. Het is een grote bevrijding als bomen met onze hulp simpelweg van werelddeel wisselen. Schimmelpartners voor hun wortels vinden ze onder de soorten die niet in bepaalde bomen gespecialiseerd zijn. Blakend van gezondheid groeien ze in de Europese bossen binnen de kortste keren uit tot imposante bomen. Geen wonder dat ze de indruk wekken dat ze de inheemse soorten de baas zijn. En op sommige standplaatsen is dat ook zo. Boomsoorten die zich op natuurlijke wijze verplaatsen, kunnen zich alleen vestigen op een plek waar ze zich helemaal prettig voelen. Niet alleen het klimaat, maar ook de grondsoort en de vochtigheid moeten geschikt zijn, willen ze zich tegenover de oude heersers van het bos kunnen handhaven. Bij bomen die door ons mensen in het bos gebracht worden, blijkt dat een grote gok. Zoals bij de Amerikaanse vogelkers. Dat is een loofboom uit Noord-Amerika, die daar prachtige stammen en zeer goed hout vormt. Heel begrijpelijk dus dat Europese bosbouwers zoiets ook graag in hun bossen wilden hebben. Maar na een paar decennia kwam de ontnuchtering: in hun nieuwe vaderland groeien de bomen krom en scheef, worden ze nauwelijks 20 meter hoog en kwijnen ze zo'n beetje weg onder de dennen van Oost- en Noord-Duitsland. Maar we raken de inmiddels in ongenade gevallen bomen nu ook niet meer kwijt, want reeën en herten hebben geen zin in de bittere takken. Ze eten liever van beuken, eiken of in geval van nood van dennen. Daarmee ontdoen ze de Amerikaanse vogelkers van zijn lastigste concurrenten, waardoor de nieuwe burger zich steeds verder kan uitbreiden. Ook de douglasspar heeft een ongewisse toekomst in het verschiet. Op veel plekken zijn de bomen meer dan honderd jaar nadat ze werden aangeplant, uitgegroeid tot indrukwekkende reuzen. Andere bossen van douglassparren moesten echter vroegtijdig compleet gekapt worden, zoals ik tijdens mijn stage meemaakte. Een bosje van douglassparren van amper 40 jaar oud begon al dood te gaan. De wetenschappers stonden voor een raadsel waaraan dat kon liggen. Schimmels waren het niet en ook insecten waren uitgesloten. Uiteindelijk bleek het overschot aan mangaan in de bodem de oorzaak. Kennelijk kunnen douglassparren daar niet tegen. Eigenlijk bestaat dé douglasspar ook helemaal niet, want het betreft hier verschillende ondersoorten met volkomen verschillende eigenschappen, die in Europa werden ingevoerd. De bomen van de kust van de Stille Oceaan passen hier prima. Maar hun zaadgoed werd vermengd met dat van douglassparren uit het binnenland, die ver van de zee opgroeien. Om het nog ingewikkelder te maken, kruisten beide ondersoorten vrolijk met elkaar en brachten nakomelingen voort, bij wie de betreffende eigenschappen volledig onvoorspelbaar bleken uit te vallen. En jammer genoeg blijkt pas vanaf een leeftijd van een jaar of veertig of de bomen zich wel prettig voelen. Zo ja, dan behouden ze hun diep blauwgroene naalden en hebben ze een dichte, ondoorschijnende kroon. De hybrides, met te veel binnenlandse genen, beginnen aan de stam hars af te scheiden en hun benaalding wordt dun. Dat is gewoon een enigszins wrede correctie door de natuur. Wat genetisch niet past wordt uitgeselecteerd, een proces dat zich over vele decennia kan uitstrekken.

Onze inheemse beuken zouden die indringers er zonder moeite weer uit kunnen zetten. Daarbij vertrouwen ze op dezelfde strategie als in hun strijd tegen de eiken. Vooral doordat ze zelfs in het zwakste schemerlicht nog onder grote bomen kunnen groeien, winnen beuken het in de loop van de eeuwen van douglassparren. Want het nageslacht van de Noord-Amerikaan heeft veel meer licht nodig en legt het loodje in de kleuterschool van de inheemse loofbomen.

Alleen als de mens een handje helpt, door telkens weer bomen te kappen en daardoor zon op de grond te brengen, hebben kleine douglassparren een kans om het te overleven.

Het wordt gevaarlijk als er vreemdelingen opduiken, die genetisch heel dicht bij de inheemse soorten liggen. Een dergelijk geval vormt de Japanse lariks, die hier op de Europese lariks stuit. De laatste groeit vaak krom en bovendien niet erg snel, waardoor de Japanse soort sinds de vorige eeuw vaak zijn plaats heeft ingenomen. Beide soorten kruisen gemakkelijk en vormen bastaarden. Daardoor bestaat het gevaar dat op een dag in de verre toekomst de laatste raszuivere Europese lariksen verdwijnen. Ook in mijn district vermengen ze zich, maar hier in de Eifel zijn beide soorten van nature niet inheems. Een kandidaat die een soortgelijk lot is beschoren is de zwarte populier. Die vermengt zich met bastaardpopulieren, aangeplante gekweekte soorten, waar Canadese populiersoorten ingekruist werden.

Maar de meeste soorten zijn voor inheemse bomen ongevaarlijk. Zonder onze hulp zouden veel van die soorten na uiterlijk twee eeuwen weer verdwenen zijn. En zelfs met onze hulp is de overleving van de nieuwe burgers op lange termijn onzeker. Want de bijbehorende parasieten maken ook gebruik van de goederentransporten over de hele wereld. Actieve import is er weliswaar niet, want wie wil nou zulke schadelijke organismen invoeren? Maar langzamerhand lukt het schimmels en insecten met houtimporten de Atlantische of de Stille Oceaan over te steken en hier voet aan de grond te krijgen. Vaak gebeurt dat via verpakkingsmateriaal als houten pallets, die niet volgens de regels zijn verhit om schadelijke organismen te doden. En zelf heb ik weleens meegemaakt dat ook pakketjes van particulieren van overzee soms levende insecten bevatten. Voor mijn verzameling dagelijkse gebruiksvoorwerpen van indianen had ik een oude mocassin gekocht. Bij het uitpakken van de in krantenpapier verpakte leren schoen, krabbelden me heel wat bruine kevertjes tegemoet, die ik snel ving, fijnkneep en in de kliko gooide. Verbaast het je om dat uit de mond van een natuurbeschermer te horen?

Binnengesmokkelde insecten zijn, als ze hier voet aan de grond hebben gekregen, niet alleen levensgevaarlijk voor de nieuwe boomsoorten, maar ook voor de inheemse. Een dergelijke soort is de Aziatische loofhoutboktor. Die is waarschijnlijk in verpakkingshout uit China naar ons toe gekomen. De kever is drie centimeter groot en zijn voelsprieten zijn zes centimeter lang. Zijn donkere lichaam met het witgevlekte streeppatroon is echt fraai om te zien. Voor onze loofbomen is hij echter minder aantrekkelijk, want in kleine spleetjes van hun bast legt hij telkens één eitje. Daar komen vraatzuchtige larven uit, die duimdikke gaten in de stam boren. Die wordt vervolgens aangetast door schimmels en breekt ten slotte af. Tot dusverre concentreren de kevers zich op stedelijke gebieden, waardoor de straatkinderen onder de bomen er nog een probleem bij hebben. Of ze zich in gesloten bosgebieden ook kunnen verspreiden, weet men nog niet exact, want de kevers zijn heel lui en blijven het liefst in een straal van een paar honderd meter van hun geboorteplek.

Een andere immigrant uit Azië pakt dat heel anders aan. Dat is *Chalara fraxinea*, die op dit moment op het punt staat de meeste essen van Europa om zeep te helpen. Zijn vruchtlichamen zien er onschuldig en schattig uit, het zijn piepkleine paddenstoeltjes die op afgevallen bladstengels groeien. De eigenlijke zwamdraden richten echter verwoestingen aan in de bomen en zorgen ervoor dat de ene tak na de andere doodgaat. Sommige essen lijken de aanvalsgolf te overleven, maar of er in de toekomst nog essenbossen langs beken en rivieren zullen staan, is nog maar de vraag. En soms maak ik me ongerust of ook wij bosbouwers niet bijdragen aan de verspreiding. Zelf ben ik bijvoorbeeld beschadigde bossen in Zuid-Duitsland gaan bekijken, en daarna liep ik weer door mijn eigen district. Met dezelfde schoenen! Zaten er misschien piepkleine schimmelsporen aan mijn zolen, die ik als verstekelingen naar de Eifel heb getransporteerd? Hoe het ook zij, inmiddels zijn ook in Hümmel de eerste essen aangetast.

Toch ben ik niet bang als ik aan de toekomst van onze bossen denk. Want met name op de grote continenten (en het Eurazische continent is het grootste) heeft elke soort continu te maken gekregen met nieuwkomers. Telkens weer brachten trekvogels en hevige orkanen zaden van nieuwe boomsoorten, schimmelsporen of kleine dieren tussen hun veren mee. Een boom die 500 jaar oud wordt, heeft vast al allerlei verrassingen meegemaakt. En op grond van de grote genetische verscheidenheid binnen een boomsoort zijn er altijd voldoende exemplaren die een antwoord op de nieuwe uitdaging hebben. Zulke 'natuurlijke' nieuwe burgers, die zonder menselijk toedoen zijn geïmmigreerd, heb je misschien ook al onder de vogels ontdekt. Zoals de Turkse tortel, die pas in de jaren dertig uit het Middellandse Zeegebied naar ons toe is gekomen. Of de kramsvogel, een zwartgevlekte, grijsbruine vogel, die zich sinds 200 jaar uit het noordoosten steeds verder naar het westen verplaatst en intussen Frankrijk heeft bereikt. Welke verrassingen zij in hun veren hebben meegebracht is nog onbekend.

Bepalend voor de kracht van onze inheemse bosecosystemen tegenover zulke veranderingen is hun ongereptheid. Hoe intacter de sociale gemeenschap, hoe gelijkmatiger het microklimaat onder de bomen, des te moeilijker vreemde indringers voet aan de grond krijgen. Klassieke voorbeelden zijn planten die voorpaginanieuws zijn, zoals de reuzenberenklauw. Die komt oorspronkelijk uit de Kaukasus en wordt meer dan drie meter hoog. Vanwege het fraaie uiterlijk van de tot een halve meter grote witte bloemschermen werden de planten al in de negentiende eeuw in Midden-Europa geïmporteerd. Daar ontsnapte de reuzenberenklauw uit de botanische tuinen en hij verspreidt zich inmiddels vrolijk in veel weilanden. Omdat zijn sap op de huid in combinatie met uv-licht een soort brandwonden veroorzaakt, wordt de reuzenberenklauw als heel gevaarlijk beschouwd. Jaarlijks worden er miljoenen euro's uitgegeven om hem uit te graven en te vernietigen – maar zonder al te veel resultaat. De planten konden zich echter alleen uitbreiden, omdat in de beek- en rivierdalen het oorspronkelijke ooibos ontbreekt. Keert dat terug, dan wordt het onder de bomen zo donker dat de planten weer verdwijnen. Iets soortgelijks geldt voor de springbalsemien of de Japanse duizendknoop die in plaats van bomen de oevers bevolkt. Zodra de mens dit probleem aan de bomen overlaat, wordt het opgelost.

Ik heb het zoveel over niet-inheemse soorten gehad, dat we ons nu misschien eens af zouden moeten vragen wat de term 'inheems' eigenlijk betekent. We neigen ertoe soorten als inheems te betitelen als ze binnen onze landsgrenzen van nature voorkomen. Een klassiek voorbeeld uit het dierenrijk is de wolf, die sinds de jaren negentig in de meeste Midden-Europese landen weer opdook en sindsdien als vast bestanddeel van de fauna wordt beschouwd. Daarvoor was hij in Italië, Frankrijk en Polen al langer te vinden. De wolf is dus al heel lang inheems in Europa, alleen niet in elk land. Maar is ook die ruimtelijke eenheid niet te groot? Als we zeggen dat bruinvissen inheems zijn in Duitsland, horen ze dan ook thuis in de Bovenrijn? Je ziet dat dat een onzinnige definitie zou zijn. 'Inheems' moet je veel kleinschaliger zien en baseren op de natuurlijke ruimte en niet op door mensen getrokken grenzen. Die natuurlijke ruimtes worden bepaald door hun inrichting (water, bodemsoort, topografie) en door het plaatselijke klimaat. Zijn die voorwaarden optimaal voor een bepaalde boomsoort, dan vestigt die zich daar. Dat kan betekenen dat bijvoorbeeld sparren in het Beierse Woud van nature op 1.200 meter hoogte voorkomen, terwijl ze 400 meter lager en op slechts een kilometer afstand als niet-inheems moeten worden beschouwd – hier nemen beuken en dennen het roer van hen over. Vakmensen hebben daarvoor het begrip 'autochtoon' ingevoerd, hetgeen niets anders betekent dan dat een soort daar van nature zou groeien. In tegenstelling tot het Duitse staatsgebied, dat heel groot is, lijken de grenzen van soorten op kleine staatjes. Als de mens zich daar niets van aantrekt en sparren en dennen naar de warmere laagvlakten brengt, zijn die naaldbomen daar nieuwe burgers. Waarmee we zijn aangekomen bij mijn lievelingsvoorbeeld: de rode bosmier. Die beestjes gelden als iconen van de natuurbescherming en worden op veel plekken in kaart gebracht, beschermd en als er problemen zijn naar elders overgebracht, waarbij kosten noch moeite worden gespaard. Daar is niets op tegen, want het gaat immers om een bedreigde diersoort. Bedreigd? Welnee, ook rode bosmieren zijn immigranten. Ze reisden in het kielzog van de naaldhoutbosbouw sparren en dennen achterna. Zonder hun stekelige, dunne blaadjes kunnen ze geen hoop bouwen, waarmee het bewijs geleverd is dat rode bosmieren in het oorspronkelijke, inheemse loofoerbos niet voorkwamen. Bovendien houden ze van de zon, en die moet minstens een paar uur per dag op hun huis schijnen. Vooral in het voorjaar en in het najaar, als het in de schaduw flink koud is, verschaffen een paar warme stralen extra dagen waarop de beestjes lekker bezig kunnen zijn. Donkere beukenbossen vallen daarmee als leefgebied af, en de bosmieren zijn de houtvesters vast eeuwig dankbaar dat die op grote schaal sparren en dennen hebben aangeplant.

Gezonde boslucht?

Boslucht is supergezond. Wie zijn longen eens een keer goed open wil zetten of in de gezonde buitenlucht wil sporten, gaat het bos in. Daar is ook alle reden toe. De lucht is onder de bomen inderdaad duidelijk schoner, want die werken als enorme filterinstallaties. Hun bladeren en naalden staan in de constante luchtstroom en vissen er grote en kleine zwevende deeltjes uit. Dat kan oplopen tot 7 miljoen kilo per jaar per vierkante kilometer.[52] Dat komt door het enorme oppervlak dat de kronen vormen. Vergeleken met weilanden is dat honderd keer groter, hetgeen alleen al door het verschil in omvang tussen gras en bomen wordt verklaard. De uitgefilterde ballast uit de lucht bestaat weliswaar niet alleen uit schadelijke stoffen zoals roet, maar ook uit opgestoven bodemstof en stuifmeel. Ons menselijke aandeel daarin is echter zeer schadelijk. Zuren, giftige koolwaterstoffen en stikstofverbindingen concentreren zich onder de bomen als vet in het filter van de afzuigkap in onze keuken.

Bomen filteren dat niet alleen uit, maar voegen ook nog iets toe aan de lucht. Het zijn de geurboodschappen en natuurlijk ook de phytonciden die ik al eerder heb genoemd. Daarbij onderscheiden bossen zich echter, afhankelijk van de dominante boomsoort, behoorlijk van elkaar. Naaldbomen verminderen de kiembelasting in de lucht aanzienlijk, wat voor mensen met allergieën goed merkbaar is. Maar door bosaanplant zijn de sparren en dennen ook naar gebieden gebracht waar ze van nature helemaal niet thuishoren. En hier lopen die soorten die van elders komen tegen fikse problemen aan. Meestal gaat het dan om de lagergelegen gebieden, waar de naaldbomen te droog en te warm staan. Daardoor is de lucht stoffiger, wat je in de zomer als je tegen de stralende zon in kijkt duidelijk kunt zien. En omdat de dennen en sparren bijna bezwijken van de dorst, verschijnen de schorskevers ten tonele om die makkelijke prooien aan te vallen. Nu flakkeren er hectische geurboodschappen door de kronen – de bomen 'roepen' om hulp en schakelen hun chemische afweer in. Dat neem je met elke hap boslucht allemaal op in je longen. Is het mogelijk dat je de alarmtoestand onbewust zou kunnen registreren? Bossen die gevaar lopen zijn tenslotte instabiel en geen geschikt leefgebied voor mensen. En omdat onze voorouders in de steentijd altijd op zoek waren naar een optimale verblijfplaats, zou het ons goed van pas komen als wij de toestand van onze omgeving intuïtief zouden kunnen begrijpen. Daar past een wetenschappelijke observatie bij dat de bloeddruk van bosbezoekers onder naaldbomen stijgt, terwijl die in eikenbossen juist ontspannen daalt.[53] Neem zelf maar eens de proef op de som en kijk in welk bostype jij je het prettigst voelt.

Dat de bomentaal iets met ons doet, was recentelijk zelfs een onderwerp in de vakpers.[54] Koreaanse onderzoekers onderzochten daarvoor oudere vrouwen die ze door het bos en door de stad lieten lopen. Het resultaat: bij de boswandelingen verbeterden de bloeddruk, de longcapaciteit en de elasticiteit van de aderen, terwijl de uitstapjes naar de stad geen veranderingen teweegbrachten. De phytonciden hebben misschien ook een gunstige invloed op ons immuunsysteem omdat ze kiemen doden. Ik ben persoonlijk echter van mening dat ook de geurboodschappen die bomen onderling uitwisselen een reden vormen waarom we ons in het bos zo prettig voelen. In elk geval in intacte bossen. Wandelaars die een van de oude loofbosreservaten van mijn district bezoeken, vertellen me telkens weer dat hun hart er opengaat en dat ze zich er echt thuis voelen. Wandelen ze daarentegen door naaldbossen, die in Midden-Europa immers meestal zijn aangeplant en daarmee kwetsbare kunstmatige systemen vormen, dan komen zulke gevoelens niet boven. Misschien ligt dat aan het feit dat er in beukenbossen minder 'alarmkreten' worden geslaakt en meer boodschappen van welbehagen worden uitgewisseld, die via onze neus ook onze hersenen bereiken. Ik ben ervan overtuigd dat we instinctief de gezondheid van de bossen kunnen registreren. Probeer het maar eens uit!

In tegenstelling tot de gangbare opvatting hoeft boslucht niet altijd heel zuurstofrijk te zijn. Het essentiële gas is afkomstig uit de fotosynthese en komt vrij bij de opsplitsing van CO_2. Per vierkante kilometer worden door de bomen op elke zomerdag rond de 10.000 kilo aan de lucht afgegeven. Bij een individueel dagelijks verbruik van ongeveer een kilo is dat genoeg voor evenveel mensen. Elke boswandeling wordt zo een echte zuurstofdouche. Maar dat geldt alleen overdag. Want bomen produceren veel koolhydraten, niet alleen om als hout op te slaan, maar ook om hun honger te stillen. Bij het verbruik in de cellen wordt suiker net als bij ons in energie en weer in CO_2 veranderd. Overdag speelt dat voor de lucht geen grote rol, omdat er uiteindelijk een zuurstofoverschot blijft. Maar 's nachts wordt er geen fotosynthese bedreven en dus ook geen CO_2 opgesplitst. Dan wordt er in het donker alleen maar verbruikt: in de celenergiecentrales wordt suiker verbrand en er komt een heleboel CO_2 vrij. Maak je geen zorgen, tijdens een nachtelijke boswandeling zul je echt niet meteen stikken! Want een continue luchtstroom zorgt ervoor dat alle gassen voortdurend goed worden gemengd, zodat er in de luchtlagen dicht bij de grond geen al te duidelijke zuurstofvermindering optreedt.

Hoe ademen bomen eigenlijk? Een deel van de 'longen' kun je zien: dat zijn de naalden en bladeren. Die hebben aan de onderkant piepkleine spleetjes die eruitzien als mondjes. Daar komt zuurstof vrij en wordt CO_2 opgenomen – en 's nachts is het omgekeerd. Omdat het een hele afstand is van de bladeren via de stam tot de wortels, kunnen ook de wortels ademen. Anders zouden loofbomen in de winter doodgaan, want dan is de bovengrondse long immers afgeworpen. Omdat de boom toch op een laag pitje verder leeft en de wortels zelfs verder groeien, moet daarvoor met behulp van reservestoffen energie worden opgewekt en daarvoor is zuurstof nodig. Om die reden is het voor bomen zo'n ramp als de grond rondom hun stam zo wordt verdicht dat hun luchtkanaaltjes verstopt raken. Een deel van de wortels verstikt dan, zodat de boom ziek wordt.

Terug naar de nachtelijke ademhaling. Niet alleen de bomen stoten in het donker flink wat CO_2 uit. In loof, dood hout en andere rottende plantendelen zijn de kleinste beestjes, schimmels en bacteriën er rond de klok mee bezig om alles wat gerecycled kan worden op te vreten, te verteren en als humus weer uit te scheiden. En in de winter wordt het nog krapper: dan zijn de bomen immers in winterslaap en wordt de zuurstofvoorraad overdag niet meer ververst, terwijl het bodemleven vrolijk verder werkt onder de grond – en zo koortsachtig dat die zelfs bij strenge vorst niet dieper dan vijf centimeter bevriest. Is het daardoor dan niet gevaarlijk in een winterbos? Onze redding zijn globale luchtstromen, die constant zeewind over de continenten blazen. In het zoute water leven ontelbaar veel algen, die het hele jaar door stevig zuurstof uit het water laten bruisen. Ze compenseren het tekort zo goed, dat wij ook onder besneeuwde beuken en sparren goed kunnen ademhalen.

Over slaap gesproken: heb je je weleens afgevraagd of bomen ook slaap nodig hebben? Wat zou er gebeuren als wij, omdat we het beste met hen voorhebben, hen 's nachts zouden verlichten zodat ze nog meer suiker konden vormen? Voor zover de wetenschap dat nu weet, zou dat geen goed idee zijn. Kennelijk hebben bomen hun rust even hard nodig als wij, en heeft onthouding even rampzalige gevolgen. Al in 1981 vermeldde het tijdschrift *Das Gartenamt* dat de eikensterfte in een Amerikaanse stad voor 4 procent te herleiden was tot nachtelijke verlichting. En de lange winterslaap? Die test hebben een paar bosenthousiastelingen onopzettelijk zelf uitgevoerd. Daarover heb ik in het hoofdstuk 'Winterslaap' al meer verteld. Ze namen jonge eiken of beuken mee naar huis om ze in een pot op hun vensterbank op te kweken. In de gezellige huiskamer is de temperatuur zo hoog dat het geen winter wordt, waardoor de meeste jonge bomen geen adempauze krijgen en gewoon doorgroeien. Maar op een gegeven moment wreekt het slaapgebrek zich en leggen de schijnbaar zo vitale planten het loodje. Nu zou je daartegen in kunnen brengen dat sommige winters helemaal geen winters zijn en dat er in elk geval in de laaggelegen gebieden nauwelijks dagen met vorst zijn. Toch verliezen de loofbomen dan wel hun bladeren en lopen ze pas in het voorjaar weer uit, omdat ze, zoals reeds vermeld, ook de daglengte meten. Zou dat bij de boompjes op de vensterbank dan niet ook werken? Als je de verwarming uit zou zetten en de winteravonden in het donker door zou brengen misschien wel. Maar bijna niemand wil afstand doen van die aangename 21 °C en dat warmwitte elektrische licht, want die brengen de kunstmatige zomer in ons huis. En geen enkele Midden-Europese bosboom is er nu eenmaal tegen bestand dat het altijd zomer is.

Waarom is het bos groen?

Waarom vinden we het zoveel moeilijker om planten te begrijpen dan dieren? Dat komt door de geschiedenis van de evolutie, die ons al heel vroeg van het groen heeft gescheiden. Al onze zintuigen zitten anders in elkaar, zodat wij een beroep moeten doen op onze fantasie om in elk geval enig idee te hebben van wat er in bomen omgaat. Ons kleurenzien is daar een mooi voorbeeld van. Ik vind het een prachtige combinatie: de stralend blauwe lucht boven diepgroene boomtoppen. Dat is de natuur in zijn meest idyllische vorm, dan kan ik me prima ontspannen. Maar zouden de bomen dat ook zo zien? Waarschijnlijk zou het antwoord luiden: 'Deels wel, ja.' Een blauwe lucht, veel zon dus, dat is voor beuken, sparren en andere soorten echter niet zozeer romantisch of geruststellend als wel het startsignaal voor: 'Het buffet is geopend.' Want een wolkeloze lucht betekent de hoogste lichtintensiteit en dus optimale voorwaarden voor fotosynthese. Ze moeten nu flink aan de bak met fotosynthese bedrijven; blauw betekent dus veel werk. Vervolgens worden CO_2 en water tot suiker, cellulose en andere koolhydraten verwerkt en opgeslagen, en de bomen raken verzadigd.

Groen heeft daarentegen een heel andere betekenis. Voor we het over de kenmerkende kleur van de meeste planten gaan hebben, rijst er eerst nog een vraag: waarom is de wereld eigenlijk veelkleurig? Zonlicht is wit en als het wordt gereflecteerd is het ook wit. Eigenlijk zouden we dus omgeven moeten zijn door een klinisch aandoend, optisch zuiver landschap. Dat dat niet het geval is, ligt aan het feit dat elk materiaal op verschillende wijze lichtfracties opslokt of in andere straling verandert. Alleen de golflengtes die overblijven worden teruggekaatst en bijvoorbeeld door onze ogen opgevangen. De kleur van levende wezens en voorwerpen wordt dus bepaald door de kleur van het teruggekaatste licht. En bij bomen is dat groen. Maar waarom is het niet zwart, waarom wordt niet al het licht opgeslokt? Licht wordt in de bladeren met behulp van chlorofyl veranderd, en als bomen alles optimaal zouden gebruiken, zou er amper iets overblijven – dan zou het bos ook overdag zo donker lijken als de nacht. Chlorofyl heeft echter een nadeel. Het heeft een zogenaamd 'groengat', waardoor het dat kleurbereik niet kan benutten en dat onbenut terug moet kaatsen. Die tekortkoming zorgt ervoor dat wij die fotosyntheseresten kunnen zien, waardoor bijna alle planten diepgroen lijken. Dat is uiteindelijk het afval van het licht, de rommel die de bomen niet kunnen gebruiken. Voor ons mooi, voor het bos zonder enig nut. Dus wij vinden de natuur mooi omdat ze afval terugkaatst? Of bomen dat ook zo ervaren, weet ik niet, maar één ding is zeker: de hongerige beuken of sparren zijn even blij met de blauwe lucht als ik.

Het kleurgat in het chlorofyl is ook verantwoordelijk voor een ander fenomeen: de groene schaduw. Als beuken bijvoorbeeld hoogstens 3 procent van het zonlicht naar de bodem doorlaten, zou het daar overdag bijna donker moeten zijn. Dat is echter niet het geval, zoals je tijdens een boswandeling kunt vaststellen. Toch kunnen hier nauwelijks andere planten groeien: de reden is dat de schaduw afhankelijk van de kleur anders is. Terwijl veel kleurtonen boven in de kronen al worden uitgefilterd en bijvoorbeeld rood en blauw nauwelijks naar beneden doordringen, geldt dat niet voor de 'afvalkleur' groen. Omdat de bomen die niet kunnen gebruiken, dringt daarvan een klein beetje tot de bodem door. Daarom heerst er in het bos een groen schemerlicht, dat overigens een ontspannende uitwerking op de menselijke geest heeft.

In onze tuin lijkt één beuk een voorkeur voor rood te hebben. Die is geplant door mijn voorganger en inmiddels uitgegroeid tot een grote boom. Mij bevalt hij niet zo, omdat zijn bladeren er in mijn ogen ziek uitzien. Bomen met rode bladeren tref je in veel parken aan, omdat ze afwisseling in de groene monotonie moeten brengen. In vakjargon noem je die bomen 'bloedbeuken' of 'bloedesdoorns', wat ze voor mij niet sympathieker maakt. Eigenlijk zou ik er medelijden mee moeten hebben, want de afwijking van het beproefde uiterlijk is nadelig voor ze. Stofwisselingsstoornissen veroorzaken het verschijnsel. Jonge, uitkomende bladeren zijn bij normale bomen vaak licht roodachtig, omdat het weefsel een soort zonnebrandcrème bevat. Dat zijn anthocyanen: ze blokkeren de uv-straling en beschermen de blaadjes. Worden die groter, dan worden de stoffen met behulp van een enzym weer afgebroken. Een paar beuken of esdoorns hebben echter een genetische afwijking, omdat dat enzym bij hen ontbreekt. Zij kunnen de rode kleurstof niet meer kwijtraken, waardoor die ook in de volgroeide blaadjes blijft zitten. Die weerkaatsen daarom een dieprood licht en verspillen heel wat lichtenergie. Voor de fotosynthese blijft voor hen weliswaar nog het spectrum van de blauwtonen over, maar in vergelijking met hun groene familieleden is dat niet voldoende. Telkens weer duiken er in de natuur zulke bloedbomen op, maar aangezien ze langzamer groeien dan hun groene collega's, kunnen ze zich niet handhaven en verdwijnen ze op een gegeven moment weer. Wij mensen houden echter van het bijzondere, en daarom worden rode varianten uitgezocht en gericht vermeerderd. Dat zou je kunnen omschrijven met: de een zijn dood is de ander zijn brood, en als men wist hoe het precies in elkaar zat, zou het misschien niet meer gebeuren.

Dat we ons moeilijk in bomen kunnen inleven, heeft vooral een andere reden: ze zijn ontzettend langzaam. Hun kindertijd en jeugd duren tien keer zo lang als de onze, hun hele levensduur is minstens vijf keer zo lang. Bewegingen als bijvoorbeeld het uitrollen van bladeren of het groeien van loten, nemen weken en maanden in beslag. Daardoor lijken bomen starre wezens, die amper beweeglijker zijn dan stenen. En het ruisen van de kronen, het kraken van takken en stammen als ze heen en weer zwaaien, waardoor het bos zo levend lijkt, dat zijn slechts passieve schommelbewegingen, waarvan de bomen misschien zelfs wel hinder ondervinden. Geen wonder dat veel van onze tijdgenoten in bomen niet veel meer zien dan objecten. Maar heel wat processen onder de bast gaan duidelijk sneller. Water en voedingsstoffen, het 'bloed' van de bomen dus, stromen bijvoorbeeld met een centimeter per seconde van de wortels naar boven, naar de bladeren.[55]

Ook natuurbeschermers en veel bosbouwers vallen in bossen ten prooi aan gezichtsbedrog – geen wonder, de mens is immers een visueel ingesteld wezen en laat zich door zijn gezichtsvermogen heel erg beïnvloeden. Daarom bieden de oerbossen in onze streken op het eerste gezicht vaak een treurige aanblik, we vinden ze soortenarm. Dat komt doordat de veelsoortigheid van het dierenleven zich vaak afspeelt in de microkosmos die voor bosbezoekers verborgen blijft. Alleen grotere soorten als vogels of zoogdieren worden door ons opgemerkt, en ook nog relatief zelden, want echte bosdieren zijn vaak rustig en heel schuw. Zo krijg ik van bezoekers van mijn district die ik de oude beukenreservaten laat zien, vaak de vraag waarom je zo weinig vogels hoort.

Weide- en akkervogels maken vaak meer lawaai en doen minder moeite om niet in ons gezichtsveld te komen. Dat weet je misschien wel van je eigen tuin, waar mezen, merels en roodborstjes snel aan je gewend raken en maar een paar meter afstand houden. Ook bosvlinders zijn meestal bruin en grijs en camoufleren zich als bast wanneer ze even een rustpauze op een boomstam nemen. Weidesoorten daarentegen overtreffen elkaar in een symfonie van kleuren en glinstereffecten, en zie je dus niet zo snel over het hoofd. Bij planten gaat het niet anders. Mossoorten zijn meestal klein en lijken erg op elkaar. Bij alle honderden mossoorten, die allemaal klein zijn, ben ik zelf het overzicht kwijtgeraakt, en dat geldt ook voor het grote aantal korstmossen. Zijn de planten van de graslanden dan niet veel mooier om te zien? Het felgekleurde, tot twee meter hoge vingerhoedskruid, geel jakobskruid, hemelsblauwe vergeet-mij-nietjes – een dergelijke pracht doet het hart van wandelaars sneller slaan. Geen wonder dat verstoringen in het bosecosysteem, als er door storm of door de exploitatie van het bos grote open terreinen zijn geschapen, bij veel natuurbeschermers veel enthousiasme oproepen. Zij geloven echt dat de soortenrijkdom nu toeneemt en zien daardoor de dramatiek van de situatie niet. In ruil voor een paar weidesoorten, die zich in de felle zon enorm op hun gemak voelen, sterven hier plaatselijk honderden kleine diersoorten uit, waarvoor amper iemand zich interesseert. Een wetenschappelijk onderzoek van de Ecological Society of Germany, Austria and Switzerland komt dan ook tot de conclusie dat met de toenemende exploitatie van het bos het aantal planten weliswaar toeneemt, maar dat dit geen reden tot juichen is, maar eerder wijst op de mate van verstoring van het natuurlijke ecosysteem.[56]

Vrij spel

Door onze tijd, met zijn rampzalige, ingrijpende milieuveranderingen, neemt het verlangen naar intacte natuur toe. In het dichtbevolkte Midden-Europa wordt het bos gezien als laatste toevluchtsoord voor mensen die zich in een ongerept landschap helemaal willen kunnen ontspannen. Maar inmiddels is er bij ons helemaal niets meer ongerept. Al eeuwen geleden zijn de oerbossen verdwenen onder de bijlen en vervolgens de ploegen van onze voorouders, die geplaagd werden door hongersnood. Naast dorpen en steden en velden zijn er weliswaar weer grote terreinen waar bomen staan. Maar het gaat daarbij eerder om plantagebossen, die gekenmerkt worden door bomen van één soort en één leeftijd. Dat je zoiets amper een bos kunt noemen, is inmiddels ook bekend bij de politiek. Zo is er onder de Duitse politieke partijen consensus bereikt over dat minstens 5 procent van de bossen aan zijn lot moet worden overgelaten, zodat dat de oerbossen van morgen kunnen worden. Dat lijkt in eerste instantie niet veel en is best beschamend vergeleken met tropische landen, die wij telkens weer verwijten dat zij hun regenwouden niet goed genoeg beschermen. Maar het is tenminste een begin. Ook als in Duitsland nog maar krap 2 procent van de bossen de vrijheid heeft gekregen, dan is dat nog altijd 2.000 vierkante kilometer. Daar kun je het vrije spel der krachten observeren en in tegenstelling tot natuurbeschermingsgebieden die telkens uitgebreid worden onderhouden, wordt hier het nietsdoen verdedigd, met een wetenschappelijke term ook 'procesbescherming' genaamd. En omdat de natuur lak heeft aan onze verwachtingen, verlopen de ontwikkelingen vaak niet zoals wij graag zouden willen.

In principe is het zo dat de terugontwikkeling naar oerbos des te heftiger verloopt, naarmate het beschermde gebied verder van het natuurlijke evenwicht verwijderd is. Wat er het verst vanaf staat is een akker met kale grond, en daarna komt je eigen grasveld, dat elke week wordt gemaaid. Ook bij ons bij de houtvesterswoning ontdek ik in het gras telkens weer zaailingen van eiken, beuken en berken. Zonder regelmatig maaien zou hier over vijf jaar weer een jong bomenbestand van twee meter hoog staan, waardoor ons idyllische plekje achter dichte bladeren zou verdwijnen.

Bij bosgebieden zijn het sparren- en dennenplantages die een heel opvallende weg afleggen terug naar het oerbos. En juist zulke bossen maken vaak deel uit van de gebieden die recent zijn aangewezen als nationaal park, omdat men het meestal niet eens kon worden over de ecologisch waardevollere loofbossen. Maar dat maakt niet uit: het toekomstige oerbos begint ook graag in monoculturen. Als de mens zijn handen thuishoudt, zijn de eerste ingrijpende veranderingen al na een paar jaar zichtbaar. Meestal begint dat met insecten, piepkleine schorskevertjes, die zich nu ongestoord kunnen vermeerderen en verspreiden. De ooit keurig in rijen geplante naaldbomen, vaak geplant in streken die te warm en te droog zijn, kunnen zich onder zulke omstandigheden niet tegen de aanvallers verweren en gaan binnen een paar weken dood doordat hun hele bast wordt weggevreten. De aantasting door insecten grijpt in de voormalige productiebossen snel om zich heen en laat een vermeend doods, kaal landschap achter, vol bleke boomkarkassen. Dat gaat de plaatselijke houtzagerijen aan het hart, die de stammen het liefst nog hadden benut. Ze voeren ook graag het toerisme als argument aan, dat door de troosteloze aanblik niet echt op gang komt. Dat is ook begrijpelijk als recreanten onvoorbereid in het zogenaamd ongerepte bos gaan wandelen en geen gezond groen maar hele heuvelruggen vol dode bomen aantreffen. Zo is er alleen al in het nationale park Beierse Woud sinds 1995 meer dan 50 vierkante kilometer sparrenbos doodgegaan, wat ongeveer een kwart van de gehele oppervlakte van het park is.[57] Sommige bezoekers vinden het kennelijk moeilijker om dode stammen dan kaal open terrein te zien. De meeste nationale parken trekken zich de kritiek aan en verkopen de bomen aan de houtzagerijen die worden geveld en afgevoerd om de schorskever te bestrijden – een ernstige vergissing. Want de dode sparren en dennen laten het jonge loofbos geboren worden. In hun dode lichamen slaan ze water op, waardoor ze de hete zomerlucht zodanig afkoelen dat die draaglijk is. Vallen ze om dan vormt de ondoordringbare versperring van hun stammen een natuurlijke omheining waar geen ree of hert doorheen dringt. Door die bescherming kunnen de kleine eiken, lijsterbessen of beuken zonder aangevreten te worden de hoogte in groeien. Zijn de dode naaldbomen op een dag verrot, dan vormen ze waardevolle humus. Een oerbos ontstaat er dan echter nog steeds niet, want de boomkinderen hebben immers geen ouders. Er is niemand die de kleintjes remt in hun groei, hen beschermt of in een crisissituatie voedt met suikeroplossing. De eerste natuurlijke boomgeneratie in het nationale park groeit daardoor eigenlijk op als straatkinderen. Ook de samenstelling van de boomsoorten is aanvankelijk nog onnatuurlijk. De vroegere naaldhoutplantages verspreiden voor hun afscheid nog flink wat zaad, zodat er tussen beuken, eiken en zilversparren ook sparren, dennen of douglassparren groeien. Dat is het moment waarop men van officiële zijde vaak ongeduldig wordt. Ongetwijfeld zou de oerbosontwikkeling een beetje sneller verlopen als je de nu in ongenade gevallen naaldbomen zou kappen. Maar als je weet dat de eerste generatie bomen toch al te snel groeit en dus ook niet erg oud kan worden, en dat het sociale systeem van het bos zich daardoor pas veel later ontwikkelt, dan kijk je daar relaxter naar. De meegroeiende plantagesoorten zijn pas na zo'n honderd jaar ten dode opgeschreven, omdat ze de loofbomen boven het hoofd groeien en vervolgens onbeschermd in de storm staan, die ze meedogenloos velt. Die eerste open plekken worden door de tweede loofboomgeneratie in het nationaal park veroverd, die dan beschermd onder het bladerdak van zijn ouders kan opgroeien. En zelfs al worden die ouders niet erg oud, toch is dat voldoende voor een langzame start van hun kinderen. Hebben die vervolgens de pensioengerechtigde leeftijd bereikt, dan is er in het oerbos een stabiel evenwicht tot stand gekomen en zal het vanaf dat moment nauwelijks meer veranderen.

Intussen zijn er sinds de oprichting van de nationale parken 500 jaar voorbijgegaan. Had je een uitgestrekt oud loofbos, dat slechts in beperkte mate was gebruikt voor de houtproductie, onder bescherming geplaatst, dan was 200 jaar voldoende geweest voor dit proces. Omdat er door het hele land voor gekozen is om vaak ver van de natuur staande bossen te beschermen, moet je er de eerste decennia rekening mee houden dat het een beetje meer tijd (uit het gezichtspunt van de bomen) kost en dat de omvormingsfase heftig verloopt. Het uiterlijk van Europese oerbossen wordt vaak verkeerd ingeschat. Zo denken veel leken dat het landschap zal verbossen en dat zich ondoordringbaar struikgewas zal ontwikkelen. Op plekken waar nu goed toegankelijke bossen domineren, zou het morgen in die optiek één grote chaos zijn. Reservaten waar de mens al meer dan honderd jaar zijn handen thuishoudt, bewijzen het tegenovergestelde. Door de diepe schaduw krijgen kruidachtigen en struiken nauwelijks een kans, zodat bij natuurlijke bosgronden de kleur bruin (van oud blad) overheerst. De kleine boompjes groeien extreem langzaam en heel recht, hun zijtakken zijn kort en dun. De oude moederbomen, met stammen die wel zuilen van een kathedraal lijken, domineren.

Daarentegen is er in productiebossen veel meer licht, omdat daar constant bomen weg worden gehaald. Hier groeien gras en struiken, hier verhinderen braamstruiken dat je kriskras het bos in kunt. Her en der verspreid liggende kronen van gevelde stammen, vormen extra hindernissen, en het totaalbeeld is heel onrustig, eigenlijk slordig. Oerbossen zijn in principe juist heel gemakkelijk toegankelijk. Slechts hier en daar liggen op de grond een paar dikke, dode boomstammen, die een natuurlijke rustbank vormen om even op adem te komen. Omdat de bomen een hoge leeftijd bereiken, komt het maar zeer zelden voor dat dode exemplaren afbreken; verder gebeurt er in de bossen weinig. Binnen een mensenleven zijn er maar weinig veranderingen waarneembaar. Reservaten waar cultuurbossen zich tot oerbossen mogen ontwikkelen brengen de natuur dus tot rust, waardoor die voor recreanten beter beleefbaar is.

En de veiligheid? Lezen we niet elke maand over de gevaren die oude bomen met zich meebrengen? Afbrekende takken of hele bomen die op wandelpaden, berghutten of geparkeerde auto's vallen? De gevaren die van productiebossen uitgaan zijn echter aanzienlijk groter. Meer dan 90 procent van de stormschade wordt veroorzaakt door naaldbomen die op instabiele plantages groeien en al bij windstoten van 100 kilometer per uur omvallen. Mij is geen enkel geval bekend waarbij bomen door een dergelijk weersverschijnsel omgingen in een oud, en al langere tijd niet meer voor de houtproductie gebruikt loofbos. Daarom kan ik alleen maar zeggen: heb meer vertrouwen in de wilde natuur!

Biorobot?

Als je de gemeenschappelijke geschiedenis van mens en dier bekijkt, dan wordt de laatste jaren een positief beeld zichtbaar. Weliswaar is er nog steeds sprake van bio-industrie, van dierproeven en van andere meedogenloze vormen van gebruik, maar toch kennen wij onze dierlijke collega's steeds meer emoties en dus ook rechten toe. Zo werd in Duitsland in 1990 de Wet ter verbetering van de rechtspositie van het dier in het privaatrecht (TierVerbG) van kracht, met als doel dieren niet meer als objecten te behandelen. Steeds meer mensen eten inmiddels geen vlees meer of doen bewuster inkopen om te vermijden dat dieren slecht behandeld worden. Ik vind dat een goede ontwikkeling, want intussen weten we dat dieren in veel opzichten hetzelfde voelen als wij. Dat geldt niet alleen voor de ons na staande zoogdieren, maar ook voor insecten als fruitvliegjes. Onderzoekers in Californië hebben ontdekt dat zelfs die piepkleine beestjes dromen. Sympathie voor vliegen? Zo ver zijn de meeste mensen nog niet, en zelfs al is dat wel het geval, dan is de emotionele weg naar de bossen nog lang niet afgelegd. Want om van vliegen bij bomen te komen, moeten we in ons denken nog een enorme hindernis overbruggen. De grote planten hebben geen hersenen, kunnen zich maar heel langzaam bewegen, zijn geïnteresseerd in heel andere dingen en leiden een leven in extreme slow motion. Geen wonder dat ieder schoolkind wel weet dat het levende wezens zijn, maar dat bomen verder als objecten worden behandeld. Als de blokken hout lekker knapperen in de haard, dan is dat het stoffelijk overschot van een beuk of eik dat vlam vat. Of het papier van dat boek dat je nu in je hand hebt: dat bestaat uit geraspt hout van speciaal daarvoor gevelde (en daardoor gedode) sparren en berken. Klinkt dat overdreven? Ik vind van niet. Want als we alles wat we in de hoofdstukken hiervoor hebben gelezen voor ogen houden, dan mogen we zeker parallellen met schnitzels en varkens trekken. We doden en gebruiken levende wezens voor onze eigen doeleinden, daar hoeven we geen doekjes om te winden. Aan de andere kant kunnen we ons afvragen of ons handelen echt verwerpelijk is. Wij zijn immers zelf ook onderdeel van de natuur en door onze lichaamsbouw zo geconstrueerd dat we alleen met behulp van de organische substantie van andere soorten kunnen overleven. Die noodzaak delen we met alle dieren. De vraag is alleen of we niet meer uit het ecosysteem bos halen dan we nodig hebben en of we bomen, vergelijkbaar met diergebruik, onnodig leed zouden kunnen besparen. Net als bij dieren geldt dan dat houtverbruik in orde is als de bomen passend bij hun natuurlijke behoeften kunnen leven. En dat houdt in dat ze hun sociale behoeften kunnen ontplooien, in een echt bosklimaat met intacte bodems groeien en hun kennis aan de volgende generaties kunnen doorgeven. In elk geval een deel van de bomen mag oud worden en zal ten slotte een natuurlijke dood sterven. Wat bij de voedingsmiddelenproductie de biologische landbouw is, is in de bosbouw het zogenaamde 'plenterbedrijf'. In een plenterbos zijn alle leeftijden en maten van de bomen gemengd, zodat boomkinderen onder hun moeders opgroeien. Soms wordt voorzichtig hier en daar een stam geoogst, die door paarden naar de dichtstbijzijnde weg wordt gesleept. En om ook oude bomen aan hun trekken te laten komen, wordt 5 tot 10 procent van het gebied onder bescherming geplaatst. Hout uit zulke bossen waarin bomen kunnen leven passend bij hun natuurlijke behoeften kan zonder bezwaren gebruikt worden. Maar helaas ziet de praktijk er in Midden-Europa voor 95 procent anders uit, en wordt er steeds vaker met heel zware machines op plantages met monoculturen gewerkt. Leken begrijpen de noodzaak voor een koerswisseling intuïtief vaak beter dan bosbouwers. Steeds vaker bemoeien ze zich met de exploitatie van openbare bossen en dwingen bij de overheid strengere milieuregels af. Zoals de 'Bosvrienden Königsdorf' in de buurt van Keulen, die tijdens een bemiddeling tussen het bureau bosbeheer en het ministerie bereikten dat er geen zware machines meer worden ingezet en dat loofbomen van hoge leeftijd helemaal niet meer geveld mogen worden.[58] In Zwitserland zet de hele staat zich in voor een bij hun natuurlijke behoeften passend leven van al het groen. In de grondwet is vastgelegd dat '... in de omgang met dieren, planten en andere organismen rekening gehouden moet worden met de waardigheid van de schepping'. Zo is bijvoorbeeld het afknippen van bloemen langs de kant van de weg zonder goede reden ontoelaatbaar. Weliswaar heeft deze zienswijze internationaal nogal wat verbazing gewekt, maar ik juich het neerhalen van de morele grenzen tussen dieren en planten volstrekt toe. Als we weten wat planten allemaal kunnen en we erkend hebben dat ze een gevoelsleven en bepaalde behoeften hebben, dan moet ook onze omgang met planten stap voor stap veranderen. Bossen zijn niet hoofdzakelijk houtfabrieken en grondstofdepots en toevallig ook nog complexe leefgebieden voor duizenden soorten, zoals dat tegenwoordig gaat in de bosbouw. Integendeel. Als bossen zich namelijk passend bij hun natuurlijke behoeften kunnen ontwikkelen, dan kunnen ze ons de functies bieden die in veel boswetten juridisch boven de houtproductie worden gesteld: bescherming en ontspanning. De actuele discussies tussen milieuorganisaties en bosgebruikers en de eerste positieve resultaten zoals in Königsdorf bieden hoop voor de toekomst dat het verborgen leven van de bossen kan blijven bestaan, en dat ook onze nakomelingen nog vol verbazing tussen de bomen kunnen wandelen. Dit ecosysteem is namelijk de volheid van het bestaan: tienduizenden soorten die met elkaar verweven en van elkaar afhankelijk zijn. Hoe belangrijk zelfs de mondiale verweving van bossen met andere natuurgebieden is, wordt duidelijk door een kort verhaal uit Japan. Katshuhiko Matsunaga, een zeescheikundige aan de Universiteit van Hokkaido, ontdekte dat uit afgevallen blad via beken en rivieren zuren in de zee terechtkomen. Daar stimuleren ze de groei van plankton, de eerste en belangrijkste bouwsteen van de voedselketen. Meer vissen door het bos? De bosbouwer stimuleerde aanplant van bossen bij de kust, wat inderdaad tot hogere opbrengsten van de visserij en oesterkwekerijen leidde.[59] Maar onze zorgen om de bomen zouden niet alleen gemotiveerd moeten zijn door materiële voordelen. Ook de kleine raadsels en wonderen zijn de moeite waard bewaard te blijven. Onder het bladerdak spelen zich dagelijks drama's en ontroerende liefdesgeschiedenissen af; dit is het laatste stuk voor onze huisdeur waar we nog avonturen kunnen beleven en geheimen kunnen ontdekken. En wie weet: misschien wordt op een dag inderdaad de taal van de bomen ontcijferd, waardoor we nog meer ongelooflijke verhalen horen. Maar tot dat gebeurt mag je bij je volgende boswandeling lekker je fantasie de vrije loop laten – zo ver van de realiteit verwijderd is die vaak niet eens!

Woord van dank

Dat ik zoveel over bomen kan schrijven is een geschenk, want door het onderzoek, nadenken, waarnemen en combineren leer ik elke dag iets nieuws. Dat geschenk heeft mijn vrouw Miriam me gegeven; zij heeft tijdens vele gesprekken telkens weer geduldig aangehoord hoever ik met het boek was, het manuscript ter controle gelezen en diverse verbeteringen voorgesteld. Zonder mijn werkgever, de gemeente Hümmel, had ik dit prachtige oude bos van mijn district, waar ik zo graag doorheen zwerf en dat me inspireert, niet kunnen beschermen. Ik wil Ludwig Verlag bedanken voor de mogelijkheid om mijn gedachten met een breder lezerspubliek te delen, en niet in de laatste plaats wil ik mijn lezers bedanken dat jullie samen met mij een paar geheimen van de bomen hebben onthuld – want alleen wie de bomen kent, kan ze beschermen.

Noten

1. *MaxPlanckForschung* 3/2007, p. 65.
2. Anhäuser, M., 'Der stumme Schrei der Limabohne', in: *MaxPlanck-Forschung* 3/2007, p. 64-65.
3. Ibid.
4. http://www.deutschlandradiokultur.de/die-intelligenz-der-pflanzen.1067.de.html?dram:article_id=175633, opgehaald op 13-12-2014.
5. https://gluckspilze.com/faq, opgehaald op 14-10-2014.
6. http://www.deutschlandradiokultur.de/die-intelligenz-der-pflanzen.1067.de.html?dram:article_id=175633, opgehaald op 13-12-2014.
7. Gagliano, Monica et al., 'Towards understanding plant bioacoustics', in: *Trends in Plants Science*, vol. 954, p. 1-3.
8. Neue Studien zu Honigbienen und Weidenkätzchen, Universität Bayreuth, Pressemitteilung Nr. 098/2014 van 23-05-2014.
9. http:/www.rp-online.de/nrw/staedte/duesseldorf/pappelsamen-reizen-duesseldorf-aid-1.1134653, opgehaald op 24-12-2014.
10. 'Lebenskünstler Baum', script bij de uitzendingenreeks *Quarks & Co*, WDR, p. 13, mei 2004, Keulen.
11. http://www.ds.mpg.de/139253/05, opgehaald op 9-12-2014.
12. http://www.news.uwa.edu.au/201401156399/research/move-over-elephants-mimosas-have-memories-too, opgehaald op 8-10-2014.
13. http://www.zeit.de/2014/24/pflanzenkommunikation-bioakustik.
14. http://www.wsl.ch/medien/presse/pm_040924_DE, opgehaald op 18-12-2014.
15. http://www.planet-wissen.de/natur_technik/pilze/gift_und_speisepilze/wissensfrage_groesste_lebewesen.jsp, opgehaald op 18-12-2014.
16. Nehls, U., 'Sugar Uptake and Channeling into Trehalose Metabolism in Poplar Ectomycorrhizae, dissertatie 27-04-2011, Universität Tübingen.

17. http://www.scinexx.de/wissen-aktuell-7702-2008-01-23.html, opgehaald op 13-10-2014.
18. http://www.wissenschaft.de/archiv/-journal_content/56/12054/1212884/Pilz-t%C3%B6tet-Kleintiere-um-Baum-zu-bewirten/, opgehaald op 17-02-2015.
19. http://www.chemgapedia.de/vsengine/vlu/vsc/de/ch/8/bc/vlu/transport/wassertransp.vlu/Page/vsc/de/ch/8/bc/transport/wassertransp3.vscml.html, opgehaald op 9-12-2014.
20. Steppe, K., et al.: 'Low-decibel ultrasonic acoustic emissions are temperature-induced and probably have no biotic origin', in: *New Phytologist* 2009, Nr. 183, p. 928-931.
21. http://www.br-online.de/kinder/fragen-verstehen/wissen/2005/01193/, opgehaald op 18-03-2015.
22. Lindo, Zoë en Whiteley, Jonathan A.: 'Old trees contribute bio-available nitrogen through canopy bryophytes', in: *Plant and Soil*, mei 2011, p. 141-148.
23. Walentowski, Helge, 'Weltältester Baum in Schweden entdeckt', in: LWF *aktuell*, 65/2008, p. 56, München.
24. Hollricher, Karin, 'Dumm wie Bohnenstroh?', in: *Laborjournal* 10/2005, p. 22-26.
25. http://www.spektrum.de/news/aufbruch-in-den-ozean/1025043, opgehaald op 9-12-2014.
26. http://www.desertifikation.de/faktensammlung/fakten_degradation.html, opgehaald op 30-11-2014.
27. Mondelinge mededeling door dr. Klara Krämer, RWTH Aachen University, 26-11-2014.
28. Fichtner, A., et al, 'Effects of anthropogenic disturbances on soil microbial communities in oak forests persist for more than 100 years', in: *Soil Biology and Biochemistry*, vol. 70, maart 2014, p. 79-87, Kiel.
29. Mühlbauer, Markus Johann: Klimageschichte. Seminarbeitrag Seminar: Wetter und Klima WS 2012/13, p.10, Universität Regensburg.
30. Mihatsch, A.: Neue Studie: Bäume sind die besten Kohlendioxidspeicher, in: Pressemitteilung 008/2014, Universität Leipzig, 16-1-2014.
31. Zimmermann, L., et al., 'Wasserverbrauch von Wäldern', in: *LWF aktuell*, 66/2008, p. 16.
32. Makarieva, A.M., Gorshkov, V.G., 'Biotic pump of atmospheric moisture as driver of the hydrological cycle on land. Hydrology and Earth System Sciences Discussions', in: *Copernicus Publications*, 2007, 11 (2), p. 1013-1033.

33. Adam, D., 'Chemical released by trees can help cool planet, scientists find', in: *The Guardian*, 31-10-2008, http://www.theguardian.com/environment/2008/oct/31/forests-climatechange, opgehaald op 30-12-2014.
34. http://www.deutschlandfunk.de/pilze-heimliche-helfershelfer-des borkenkaefers.676.de.html?dram:article_id=298258, opgehaald op 27-12-2014.
35. Möller, G. (2006): Großhöhlen als Zentren der Biodiversität, http://biotopholz.de/media/download_gallery/Grosshoehlen_-_Biodiversitaet.pdf, opgehaald op 27-12-2014.
36. Goßner, Martin, et al., 'Wie viele Arten leben auf der ältesten Tanne des Bayerischen Walds', in: AFZ-*Der Wald*, Nr. 4/2009, p. 164-165.
37. Möller, G. (2006): Großhöhlen als Zentren der Biodiversität, http://biotopholz.de/media/download_gallery/Grosshoehlen_-_Biodiversitaet.pdf, opgehaald op 27-12-2014.
38. http://www.totholz.ch, opgehaald op 12-12-2014.
39. http://www.wetterauer-zeitung.de/Home/Stadt/Uebersicht/Artikel,-Der-Wind-traegt-am-Laubfall-keine-Schuld-_arid,64488_regid, 3_puid, 1_pageid,113.html.
40. http://tecfaetu.unige.ch/perso/staf/notari/arbeitsbl_liestal/botanik/laubblatt_anatomie_i.pdf.
41. Claessens, H. (1990): L'aulne glutineux (Alnus glutinosa): une essence forestière oubliée, in: *Silva Belgica* 97, p. 25-33.
42. Laube, J., et al., 'Chilling outweighs photoperiod in preventing precocious spring development', in: *Global Change Biology* (online 30 oktober 2013).
43. http://www.nationalgeographic.de/aktuelles/woher-wissen-die-pflanzen-wann-es-fruehling-wird, opgehaald op 24-11-2014.
44. Richter, Christoph: Phytonzidforschung – ein Beitrag zur Ressourcenfrage, in: *Hercynia N.F.*, Leipzig 24 (1987) 1, p. 95-106.
45. Cherubini, P., et al. (2002), 'Tree-life history prior to death: two fungal root pathogens affect tree-ring growth differently', in: *J. Ecol.* 90, p. 839-850.
46. Stützel, T., et al., *Wurzeleinwuchs in Abwasserleitungen und Kanäle*, onderzoek van de Ruhr-Universität Bochum, Gelsenkirchen, p. 31-35, juli 2004.
47. Sobczyk, T., 'Der Eichenprozessionsspinner', in: *Deutschland, BfN-Skripten* 365, Bonn-Bad Godesberg, mei 2014.
48. Ebeling, Sandra, et al., 'From a Traditional Medicinal Plant to a Ratio-

nal Drug: Understanding the Clinically Proven Wound Healing Efficacy of Birch Bark Extract', in: *PLoS One* 9(1), 22 januari 2014.
49. USDA Forest Service: http://www.fs.usda. gov/detail/fishlake/home/?cid =STELPRDB5393641, opgehaald op 23-12-2014.
50. Meister, G., *Die Tanne*, p. 2, publicatie van de Schutzgemeinschaft Deutscher Wald (SDW), Bonn.
51. Finkeldey, Reiner, u. Hattemer, Hans H., 'Genetische Variation in Wäldern – wo stehen wir?', in: *Forstarchiv* 81, p. 123-128, M. & H. Schaper GmbH, juli 2010.
52. Harmuth, Frank, et. al., *Der sächsische Wald im Dienst der Allgemeinheit*, Staatsbetrieb Sachsenforst, 2003, p. 33.
53. Haller, A. v., *Lebenswichtig aber unerkannt*, Verlag Boden und Gesundheit, Langenburg 1980.
54. Lee, Jee-Yon en Lee, Duk-Chul, 'Cardiac and pulmonary benefits of forest walking versus city walking in elderly women: A randomised, controlled, open-label trial', in: *European Journal of Integrative Medicine* 6 (2014), p. 5-11.
55. http://www.wilhelmshaven.de/botanischergarten/infoblaetter/wassertransport.pdf, opgehaald op 21-11-2014.
56. Boch, S., et al., 'High plant species richness indicates management-related disturbances rather than the conservation status of forests', in: *Basic and Applied Ecology* 14 (2013), p. 496-505.
57. http://www.br.de/themen/wissen/nationalpark-bayerischer-wald104.html, opgehaald op 09-11-2014.
58. http://www.waldfreunde-koenigsdorf.de, opgehaald op 07-12-2014.
59. Robbins, J., 'Why trees matter', in: *The New York Times*, 11-04-2012, http://www.nytimes.com/2012/04/12/opinion/why-trees-matter.html?_r=1&, opgehaald op 30-12-2014.

Bekijk het bos met nieuwe ogen

In deze handleiding neemt de populaire boswachter Peter Wohlleben ons mee op een ontdekkingsreis door de verborgen wereld van bomen en het bos. Op entertainende wijze vertelt hij hoe we verschillende bomen en hun eigenschappen kunnen onderscheiden. Daarnaast geeft hij talloze tips en adviezen over hoe je je weg kunt vinden zonder kompas of gps, onder welke bomen je moet schuilen tijdens een storm, welke bessen en paddenstoelen eetbaar zijn, hoe je dierensporen moet lezen, hoe je jezelf met natuurlijke insectenverdelgers tegen muggen, mieren en teken kunt beschermen, hoe je het bos met kinderen kunt verkennen en hoe je het best een nacht alleen in het bos kunt doorbrengen.